图说生活
畅销升级版

无龄肌肤一站式完美保养

嫩肤 彩妆 造型书

何琼 主编

浙江出版联合集团
浙江科学技术出版社

图书在版编目（CIP）数据

嫩肤 彩妆 造型书／何琼主编．—杭州：浙江科学技术出版社，2012.6

ISBN 978-7-5341-4477-6

Ⅰ．①嫩… Ⅱ．①何… Ⅲ．①女性－皮肤－护理②女性－化妆③女性－发型－设计 Ⅳ．①TS974

中国版本图书馆CIP数据核字（2012）第079135号

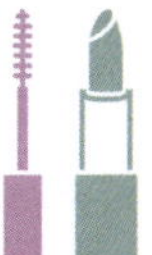

嫩肤 彩妆 造型书

何琼 主编

责任编辑：刘 丹 赵新宇 李骁睿
特约编辑：季 萌
责任校对：宋 东 王 群 王巧玲
特约美编：吴金周
责任美编：金 晖
封面设计：张雪娇
责任印务：徐忠雷
版式设计：桃 子

出版发行：浙江科学技术出版社
地址：杭州市体育场路347号
邮政编码：310006
联系电话：0571-85170300转61704
制　　作：日知图书（www.rzbook.com）
印　　刷：北京瑞禾彩色印刷有限公司
经　　销：全国各地新华书店
开　　本：710×1000 1/16
字　　数：180千字
印　　张：12
版　　次：2012年6月第1版
印　　次：2012年6月第1次印刷
书　　号：ISBN 978-7-5341-4477-6
定　　价：19.90元

◎如发现印装质量问题，影响阅读，请与出版社联系调换。

前言

Foreword

美丽是女性一生的必修课，每个美丽秘诀都是女人完美项链上的一颗珍珠，这份完美由你亲手串起。美丽从何而来？除了先天的馈赠外，后天的自我发掘和自我修炼也是必不可少的。也许你会认为时间和美丽是成正比的，其实，只要你掌握美丽的技巧，每天只需短短的几分钟，坚持不懈，美女速成绝不是空谈！

是不是每天都在幻想拥有一张模特般吹弹可破的脸？真正令人心动的是轻透而又充满神采的水润美肌。无暇的肤色、清澈的眼神、迷人的双唇，现在就来学习精致自然的美肤化妆造型术吧！打造令时光倒流的美妆神话，让你成功变身为无懈可击的靓妆美女。

不要再去艳羡“她”的完美肌肤，嫉妒“她”的魔鬼身材了！了解自己，关注自己，遵循此书给你提供的各种美容护肤造型方法，从一个个小细节入手，从点点滴滴做起，不久你会发现拥有美丽不再是梦想，你也可以轻松变身为美丽自信、魅力无限的俏佳人，成为别人眼中一道靓丽风景线。

对美肤、化妆、造型一窍不通的你，想立刻成为化妆达人吗？想让自己从丑小鸭摇身变为白天鹅吗？想让自己成为众人中最耀眼的焦点吗？赶紧翻开你人生的第一本美肤化妆造型书，美丽从现在开始，漂亮不再是梦想！

何琼

国家级高级造型技师

国际造型业协会高级会员

漂亮MM，从美肤开始——全方位美肤攻略

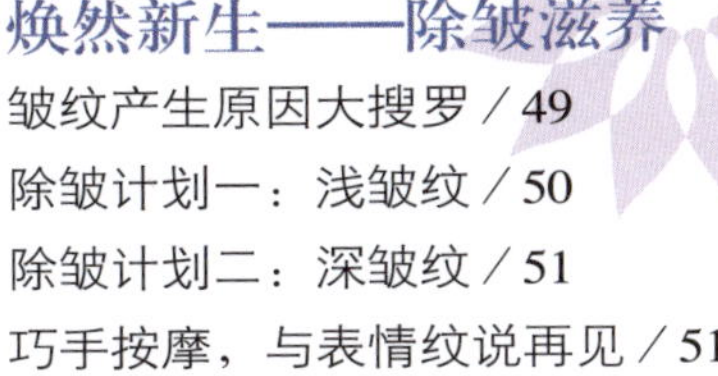

Chapter 07 

焕然新生——除皱滋养

Chapter 08

美肤新主张——防晒修护

Chapter 09 

轮廓美丽——紧致光滑

Part 02 百变造型，离不开的创意彩妆秀

Chapter 01 

妆前保养，让你更水嫩

Chapter 02 

完美底妆，轻松巧白皙

Chapter 03

眉妆正当时，打造最IN造型

Chapter 04

精致眼妆，打造靓丽双眸

Chapter 05

粉嫩唇妆，魅力新坐标

Chapter 06

细节修饰，风韵百分百

Chapter 07

找对风格，快速搞定场合妆

Chapter 08 

防止脱妆的黄金定律和快速补妆技巧

Part 03 瞬间改变命运，教你轻松打理时尚发型

Chapter 01 

搞定发型必不可少的魔法道具

Chapter 02 

发型、脸形完美搭配，最有女人味

Chapter 03 

完美造型让你更显俏丽

附录

漂亮MM，从美肤开始——全方位美肤攻略

Chapter 01 认清肤质，完美肌肤第一步

护肤第一课，认识常见的五种肤质

了解自己的肤质类型，才能有针对性地呵护肌肤，找到最适合自己的肌肤保养之道。一般来说，常见肤质有下面5种：

〔干性肌肤〕干性肤质主要是指皮肤角质层水分低于10%，表面肤质比较轻薄，皮脂分泌比较少，皮肤上很少长粉刺和暗疮、痘痘，毛孔不明显；每当气候干燥时，就会出现脱皮的现象。

〔油性肌肤〕油性肤质主要是指表面皮肤油脂分泌比较旺盛，脸上经常满面油光，T 字区域出油现象尤为明显，毛孔较粗大，爱长粉刺和暗疮，但这类肤质不易滋生皱纹。

〔中性肌肤〕肌肤水油分泌平衡，既不干也不油，肤质平滑有弹性，对外界刺激有很好的抵抗力，是较为理想的肤质类型。

〔混合性肌肤〕混合了干性、油性肌肤的特征，常见的表现为 T 字区域泛油光，其他部位偏干燥，大部分人都是此类肤质。

〔**敏感性肌肤**〕易因外界刺激而引起某种程度不适的肤质，遭遇换季或突然遇冷、遇热时，皮肤局部会发红或起小丘疹；肌肤皮层较薄，甚至会有清晰可见的红血丝。

自我检测 你是哪种肤质

判断自己是哪一种肤质，可以通过下面三种自我检测法：

〔**触摸测试法**〕早晨起床时用手指触摸肌肤来测定肤质。

触摸干性肤质的时候，会有不平整、毛躁的感觉；油性肤质触摸时，会有油腻、黏手的感觉；中性肤质触摸时，会感觉不干不油，肤质平滑细腻；混合性肤质触摸时，两颊有粗糙之感，额头、鼻梁、下巴有油腻感。

〔**洁面测试法**〕通过洁面后不擦任何护肤品，看皮肤紧绷感的持续时间来测定肤质。

干性皮肤洁面后紧绷感约40分钟后消失；中性皮肤洁面后紧绷感约30分钟后消失；油性皮肤洁面后紧绷感约20分钟后消失。

〔**纸巾测试法**〕睡前清洁皮肤后，不擦护肤品，待第二天早晨醒来后，用纸巾轻轻擦拭脸部，以纸巾上的油迹来测定肤质。

干性肤质在纸巾上不会留下油迹；油性肤质会在纸巾上留下大片的油迹，所对应的部位分别是额头、鼻梁、鼻翼、下巴、脸颊等；中性肤质在纸巾上仅会留下星星点点的油迹；混合性肤质易在纸巾中心留下片状油迹，对应出油部位是额头、鼻梁、下巴。

Chapter 02 基础护肤理念，打造美肌达人

Case 01 肌肤基础护理的真相

紧致光滑、晶莹剔透的肌肤一直是每一个爱美女性对护肤的终极渴望。深入了解肌肤有效紧致的秘密，让松弛的肌肤变成过去式。目前针对老化肌肤的保养，大多只着重在抗皱的领域，并没有关注因为老化所引起的毛孔粗大问题，所以花大钱做保养，以保卫青春的流逝。 毛孔粗大是最令女士们困扰的问题，就算使用化妆品遮掩，也只是“治标不治本” 。要真正解决问题，唯一的办法就是做好基本的肌肤护理，使毛孔自然收紧。

真相1：缺水

当肌肤的真皮层缺乏水分，表皮细胞就会开始萎缩，毛孔及皱纹等问题会显得格外明显，所以，给肌肤保湿是非常重要的步骤。

真相2：角质层

皮肤的基层会不断制造新细胞输送至上层，细胞老化后便成为外层老化角质层，如果长期不彻底清洁皮肤，会影响皮肤的新陈代谢及老化角质层的脱落，毛孔便会逐渐扩张变大。

真相3：肌肤老化

随着年龄的增长，皮肤的血液循环会减慢，皮下组织脂肪层也会变得松弛而欠弹性，如果没有适当的护理，皮肤便会加速老化，毛孔也会自然扩大。

真相4：油脂过盛

T字区的皮脂分泌特别旺盛，当过盛的油脂堆积在毛囊表面，就会令毛孔膨胀，使得毛孔粗大。

真相5：按压皮肤

护理皮肤的时候，如果方法不适当，同样会令毛孔变得粗大。就以去黑头为例，如果随意大力按压皮肤，就容易令肌肤的表层破裂，一旦伤害到真皮的话，肌肤就会难以产生新细胞，毛孔同样也会变得明显而粗大。

夏季肌肤基础护理要点

夏季肌肤面对着各种各样的问题，油脂分泌旺盛、毛孔变得粗大、肌肤缺水、紫外线把肌肤晒伤……这时对肌肤的护理，不能只着重于美白防晒了。即刻了解夏季肌肤基础护理要点，给肌肤一个完整的呵护。

补水与保湿

无论属于什么肤质，夏天一定别忘了先补水再保湿。因为夏天天气很热，很容易使皮肤出油，同时面部水分的蒸发速度也是其他时节里的1～2倍。不要一味的控油，一定要先给皮肤补水。只有水分补充足够，才有可能帮助减缓出油的情况，也同时真正控油。

清洁

首要一步，肯定是脸部清洁。无论是什么性质的皮肤，在夏季其出油的情况都比其他三个季节多，所以最好选用弱酸性的脸部清洁产品。而且洗完脸后，一定要用爽肤水化妆水保湿。

防晒

夏季强烈的紫外线会使皮肤表皮细胞慢慢发生氧化，刺激表皮细胞，使之脱水、发炎。紫外线的刺激会导致油性皮肤的皮脂腺与汗腺出现分泌失调的现象，缺水、油腻、脱皮，特别是油性皮肤的MM，失调问题会愈加严重。所以，夏季的防晒工作一定不能省。如果是中、干性皮肤的MM可以选用以补水的防晒霜为主，敏感的皮肤可以用防晒霜，如果是油性敏感肤质的MM，就要使用抗敏的防晒乳液或防晒喷雾了。

美白

并不是任何皮肤都适合美白产品。比如敏感性皮肤，在选择美白产品的问题上一定要慎重，因为某些美白类产品会引发过敏等症状。选择美白类产品时，一定要根据自己的肤质，比如中干性皮肤要适当加补水喷雾或补水精华，油性皮肤要选择无油的美白类产品。

酸性食品不宜多吃

酸性食物吃多了，会使身体产生更多自由基，同时也加快身体氧化速度，使身体皮肤肤色不均匀，出现斑点、痘痘等肌肤问题。所以酸性食物最好不要多吃。这里指的酸性食物不是口味酸的食物，像酸奶和醋之类的虽然口味酸但却是对身体很好的碱性食物，这些就可以多吃，对身体和皮肤都很好。

浴室里的冷护理

夏天来了，快利用每天的沐浴时间为肌肤做冷护理吧。每天的热水澡后，给身体来点“冷饮”。用冷水刺激手、足等末端部位，坚持一个夏天，不但可以收缩毛孔、促进血液循环，还对怕冷MM的体质有很好的提高作用。冬天变得不那么怕冷，肌肤也更健康，红润的好气色会偷偷爬上你的脸颊。

化妆水，做好肌肤二次清洁

化妆水，顾名思义是像水一样流动的液体，一般由水、甘油、柠檬酸等组成。清洁肌肤后，涂抹化妆水是必不可少的步骤。它可以将多余的污垢与皮屑清除掉，让清洁工作更到位；还可以软化角质层，让皮肤柔软、湿润，利于皮肤吸收养分；同时还有收敛毛孔、控油、保湿的作用。

化妆水使用步骤

Step1:
在化妆棉上倒入约一个1元硬币范围的化妆水。

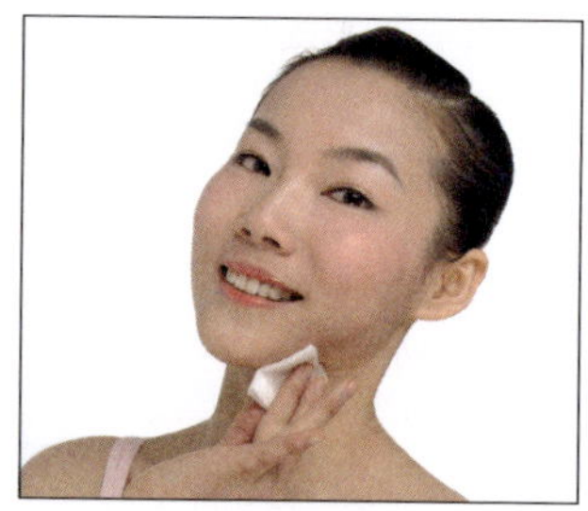

Step2:
握住化妆棉先从颈部开始擦拭，按照由下至上的顺序，提升颈部肌肤。

Step3:
将化妆棉翻一个面，慢慢擦拭两侧的脸颊，并轻轻地按压，带走脸上的残留污物。

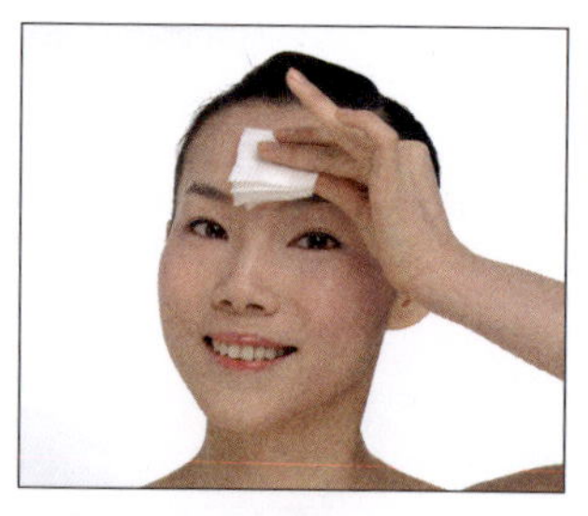

Step4:
换一张化妆棉，蘸上化妆水，从上至下擦拭T字部位。

Step5:
将化妆棉翻一个面，小心清洁鼻子两侧。

Step6:
双手轻轻拍打脸颊，使化妆水尽快吸收。

化妆水使用注意事项

拍完化妆水后，最好用双手轻轻抚摸脸庞，用手心的温度，让化妆水的养分渗透到肌肤底层。

要注意的是，给肌肤拍上化妆水的最佳工具是化妆棉，如果直接用手掌来擦拭，有一半以上的化妆水会被手掌吸收，从而浪费了化妆水。

Case 04 润肤霜，给肌肤营养加餐

完成全部清洁工作后，即是肌肤进补营养的大好时机了。这时，给予肌肤适当的润肤霜滋润，不仅更易吸收，而且效果加倍。

润肤霜种类

根据质地，润肤霜应分为两种：乳液和面霜。

乳液是一种液态的滋润霜，又称蜜类护肤品，其最大特点是含水量高，比同样的面霜含水量多一两倍，使用起来比较清爽，不觉油腻。

面霜是一种膏状滋润霜，滋润性更强，尤其适合干性肌肤或者干燥季节使用。

抹润肤霜正确手法

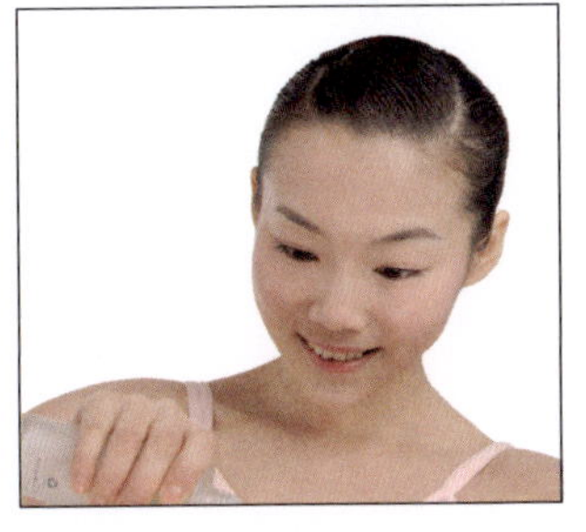

Step1: 取约硬币大小分量的乳液于虎口处。特殊时期，可以适当加量。

Step2: 用无名指将乳液均匀地点在两颊、鼻头、额头、下巴等部位，按照由内向外、由下向上的手法，用中指和无名指轻轻按摩画圈。

Step3: 轻柔地按摩眼睛四周的敏感部位，然后用手掌裹住脸部，用手心的温热让乳液渗入并促进吸收。

Case 05 花样面膜，让肌肤自然“水当当”

面膜是护理肌肤的好帮手，不仅使用方法简单，并且能起到立竿见影的效果。

不同功能的面膜

清洁面膜可以清除毛孔内的脏东西和油脂，还能去除老化角质，使肌肤清爽干净；保湿面膜会将水分锁在膜内，可以软化肌肤角质层，帮助肌肤吸收营养。

美白面膜能彻底清除死皮细胞，兼具清洁、美白双重功效，使肌肤更加白皙透明；紧肤面膜能帮助收缩毛孔，浅化皱纹，有抗皱的功效；舒缓面膜可以舒缓肌肤，消除疲劳感，尤其适用于敏感性肌肤。

不同材质的面膜

泥膏型面膜的清洁、保湿效果都相对比较好，能够软化阻塞毛孔的硬化皮脂，但是这种泥膏型面膜并不太适合敏感性肌肤使用。

撕拉型面膜虽然功效显著，但容易使肌肤毛孔变大，所以不宜长期使用。

水洗式面膜是最常见的一种面膜，面膜敷在脸上，待八成干时，用温水洗去即可，使用起来感觉非常温和。

棉布式保养面膜是将调配好的高浓度保养精华液吸附在棉布（纸）上，能提高护肤成分对皮肤的渗透量及渗透深度，功能强大，不过清洁效果略差。

Case 06 定期去角质，告别问题肌肤

角质就是死皮，是皮肤细胞不断生长的产物。如果角质层变厚，皮肤会慢慢失去光泽，甚至产生皱纹、痘痘、斑点等。女性想拥有健康美肌，定期去角质很关键。

去角质产品

常见的去角质产品包括磨砂型、化妆水型、面膜型、乳液型等几种。其中磨砂型去角质产品由于清洁能力较强，所以比较适合油性肌肤使用；干性肌肤最好选用化妆水型、乳液型去角质产品，不会对肌肤产生刺激；如果是痘痘肌肤或者敏感肌肤应慎用去角质产品，避免加重过敏情况。

去角质方法

以油性肌肤使用磨砂膏为例，去除角质时可以采取以下方法：

Step1:
将磨砂膏倒入洗净后的手心，轻轻揉搓，然后从下巴开始，用中指和无名指慢慢向外打圈。

Step2:
手指移到鼻翼两旁，轻轻向外打圈，清除囤积在鼻翼两边的黑头及粉刺。

Step3:
手指慢慢移至额头位置，由内向外打圈到额头两端。

Step4:
手指移到两侧脸颊处，由内至外地向脸庞中央打圈。

整个按摩过程大约持续1分钟，然后用温水冲洗，及时滋润皮肤即可。

但还是要强调，去角质的护肤过程还是要注意频率，不能在很短的时间内就进行很多次去角质，这样会非常有损肌肤表面健康。

Chapter 03 选对护肤品拥有幼龄肌肤

选择护肤品 要依肤质不同

市面上的护肤品琳琅满目，稍不留神，就可能选择了外表包装美丽，实际并不适合自己的护肤品。所 以在选择之前，我们要根据肤质弄清楚基础护肤的侧重点，才好“对症下药”。

〔干性肤质〕干性肌肤在选择护肤品的时候，首先要强调补水保湿功效，其次由于肌肤本身缺少水分，容易长细纹，所以护肤品还要兼具抗衰老、抗氧化的作用。因此，柔肤水+乳液+保湿面霜是最佳搭配。

〔油性肤质〕选择时要注意清洁收敛的功效，其次由于肌肤本身偏油，容易长痘痘，所以应避免使用过于滋润的产品。因此，控油紧肤水+补水面霜，是比较不错的搭配。

〔中性肤质〕护肤品具有基本保养功能就可以了。因此，爽肤水+面霜是比较适合的搭配。

〔混合性肤质〕由于兼具干性和油性肌肤的特点，爱出油的T字部位可选取控油收敛水+补水面霜，干燥的两颊可选取爽肤水+保湿面霜。

〔敏感型肤质〕选择护肤品首要得强调温和无刺激，然后才能看其他作用，不然都只是枉然无效，一般药妆都有其针对性的产品，选择时不妨一试。

注意！护肤品必须按顺序登场

使用护肤品一定要注意顺序，这样才能达到理想效果。

基础护肤品使用顺序

一般来说应该采取先水，再乳，最后油的顺序，即：使用护肤品时将成分较稀的放在前面，而油性成分高、滋润效果较强的放在后面。

具体而言，就是按照化妆水→眼霜→乳液→隔离防晒霜（白天）/夜间修护霜（晚上）的顺序。

涂抹时要注意，眼部区域的皮肤十分敏感，脸部的化妆水、精华液、面霜都不能用于眼部，这里只能使用专门的眼部护肤产品，如眼部凝胶、眼霜等。

特殊护肤品使用顺序

特殊护肤品指的是有特殊功效的护肤产品，例如精华素、修护液或者抗衰老之类的产品，最好在化妆水之后、面霜之前使用。因为这些产品营养较丰富，而且是浓缩品，待使用化妆水后，毛孔重新张开，更有利于这些产品被皮肤吸收。

洁面产品选购窍门

挑选洁面产品时，品牌和价格可不是唯一的决定性因素，更重要的是你要了解产品类型，并根据自己的肤质来挑选。

洁面产品基本类型

洗面奶通常由油合物、表面活性剂、营养剂、增稠剂、固化剂等成分构成。

根据质地洗面奶可分为三类，即洁面膏、洁面乳和洁面啫喱。洁面膏清洁能力较强；洁面乳比较温和，对皮肤刺激不大；洁面啫喱使用起来比较清爽。

此外洁面皂也是一种常见的洁面产品，其特点是质地细腻紧密，泡沫丰富，去污力强，并且价格实惠。

不同肤质挑选不同洁面产品

干性肤质由于角质层水分不足，所以可以选择洁面乳或洁面啫喱。

油性肤质要选择清洁能力强的洁面膏或洁面皂。

中性肤质没有什么禁忌，可根据实际需要，如美白、保湿、抗氧化等，选择有针对性的洁面产品。

混合性肤质夏季可选用清洁力强的洗面奶，到了秋冬两季考虑清洁效果的同时，还要考虑滋润效果的洗面奶。

敏感性肤质最好选用一些无添加、无香料、无防腐剂的洗面奶，不然会加剧肌肤的敏感程序。

化妆水选购窍门

化妆水是基础护肤中不可缺少的一步，选购时首先要了解化妆水的种类。常用的化妆水按其酸碱度含量可分为微酸性、微碱性和中性。不同肤质对化妆水的要求也不一样。

〔微碱性化妆水〕也被称为柔肤水，它能溶解老化角质，补充肌肤水分。

〔微酸性化妆水〕又被称为紧肤水、收敛水，水中的酸性物质，能收缩毛孔、抑制油脂分泌。

〔中性化妆水〕爽肤水、营养水，能迅速补水，稳定肌肤水油平衡。

一般说来，干性肌肤比较适用柔肤水；油性肌肤比较适用紧肤水；中性肌肤可以选用中性化妆水；混合型肌肤则可以在 T 区使用紧肤水，其他部位选用爽肤水或柔肤水；敏感性肌肤要选择无酒精无刺激的化妆水。

面霜（乳液）选购窍门

滋润肌肤最直接的方法就是使用面霜（乳液），它不仅能锁住刚刚补充的水分，还能给予肌肤加倍的营养呵护。

分清日霜晚霜

由于早晚肤质有较大差异，所以早晨建议使用具有保湿、隔离等功能的日霜，帮助抵御外界侵袭；而晚上则侧重于使用滋养、紧致、修复等功能的晚霜，可以修复肌肤损害，及时补充营养。

不同季节注意事项

根据季节变化，也要适时调整自己的面霜（乳液）。

春季易过敏，所以挑选时以抗过敏的产品为主。

夏季肌肤油脂分泌多，不妨选择控油的产品。

秋冬季节天气干燥，重点选择保湿效果的面霜（乳液）。

不同肤质挑选窍门

油性肤质可以选择质地较轻薄、吸收快的滋养面霜（乳液）；干性肤质可选择质地较浓稠、滋润度强的面霜（乳液）；中性肤质可选择具有滋润修护效果的面霜（乳液）；敏感性肤质则可选择性质温和、浓度较低的无刺激面霜（乳液）。

精华素选购窍门

精华素是一种高浓度及高机能性的保养品，有极好的美容效果。在选购前一定要对精华素有所了解，才会不花冤枉钱。

认识配方再选择

挑选精华素时，可以先从配方来了解，例如成分中标明含有维生素C的一般有提亮肤色的作用及一定的美白功效；如果成分中含有绿茶提取物，则表明该精华素有很好的抗衰老作用，可用于缓解皱纹；如果成分中含有透明质酸，则表明其保湿效果不错，可用来为肌肤补充水分。

如何挑选精华素

油性肌肤可以选择能够起到控制油脂分泌、收缩毛孔作用的清爽型植物精华素。

干性肌肤尤其需要精华素的滋润，可以选择乳霜状的精华素来加强肌肤的滋润效果。

痘痘肌肤选择精华素时最好选择有消炎、杀菌作用的产品。

眼霜选购窍门

眼霜是最为常见、使用频率最高的眼部护理品。选购时，应根据自身的情况来选择。

根据眼霜质地挑选

市面上的眼霜一般有三种：啫喱型、乳液型、霜型。啫喱型的质地较为清爽，成分单一，适合年轻肌肤使用；乳液型的滋润效果更好，适合30岁左右的人使用；霜型的产品成分相对更浓，一般用于抗皱，比较适合熟龄肌肤使用。

根据眼霜功效挑选

不同的眼霜功效不一，例如有的具有较强的保湿功能，比较适合干燥季节或者眼部干燥的肌肤使用；有的具有抗氧化、美白的功效，比较适合户外工作者使用；舒缓眼霜则比较适合敏感性肤质的人使用。

润唇膏选购窍门

嘴唇是女人魅力的展示品之一，保护好娇嫩的双唇，才能使美丽无可挑剔。选择合适的润唇膏，可以为双唇锁住水分，阻挡外界环境的伤害。

认清成分再选择

可根据成分来选择适合自己的润唇膏。润唇膏的主要成分及功效如下：

〔凡士林〕较滋润而不渗透，能长时间滋润双唇。

〔薄荷〕有清凉和消炎止痒作用。

〔羊毛脂〕是很好的润肤剂。

〔芦荟〕有防晒、保湿的作用。

〔维生素E〕滋润粗糙的肌肤，防治双唇干燥、皲裂。

保温能力最关键

唇部周围的角质层相当薄弱，没有皮脂腺或汗腺等机制保护水分。尤其是冬季，唇部特别容易出现皲裂、蜕皮等现象。所以，一定要选择保湿效果较好的润唇膏。

有一定的防晒值

唇色较为暗沉的MM，应选择具有防晒系数，并兼有补水和保湿功能的润唇膏，以预防唇部黑色素的沉淀，从而加深唇色，同时注意补水保湿，给双唇全方位的滋养呵护。

舒缓型防过敏

如果是敏感性肤质的MM，最好是选择天然植物成分、具有抗敏感作用的润唇膏，不要挑选那些外表花哨，但容易带来肌肤敏感的产品，这样才能让唇部得到贴心的护理！

植物精油选购窍门

植物精油是一种神奇的美容品，具有很好的延缓衰老、美白肌肤、去除疤痕、紧实抗皱等功效。在选购植物精油时，一定要注意：

根据产地挑选

购买前要问明产地。因为不同地方生长的植物所萃取出的精油，在品质和性能上会有极大的差距，例如，薰衣草的最佳产地是普罗旺斯，而佛手柑的最佳产地是中国。

根据配方挑选

纯度100%的精油称为单方精油，由两种或两种以上的精油混合而成的精油则称为复方精油。用于护肤时，最好选用复方精油。

例如：

洋甘菊+天竺葵+玫瑰草制成的复方精油，可用于去除痘痘和痘印。

柠檬+鼠尾草+薰衣草制成的精油，可用于美白肌肤。

所以，可根据自己的肌肤问题，有目的地挑选合适的复方精油。

根据包装挑选

精油一般以深色的玻璃瓶装来保存品质。其中，深蓝色和深绿色玻璃瓶的植物精油价格较贵，因为它对精油的保存期限要比其他深色长。此外，纯精油的装瓶还必须附上安全盖和滴头，因为纯精油一般以“滴数”来计量。

Chapter 04 女性必修课——保湿补水

肌肤缺水原因大搜罗

不管你的肌肤缺水程度如何，都要先搞清楚它缺水的本质原因，才好从根本上改善肌肤缺水的状况，做好补水保湿的工作。

肌肤水油失衡

肌肤具有自我调节水油平衡的能力。当肌肤调节能力失衡时，就会出现肌肤问题，如油性皮肤缺水引起干燥，主要是肌肤缺乏水因子；干性皮肤缺水引起干燥，主要是因为肌肤缺乏油脂来锁住水分。

干燥环境所致

任何肤质的肌肤，都有可能被空调、紫外线以及恶劣的环境夺走水分，从而变得异常干燥。

清洁过度

选用清洁能力较强的洁面产品，或者过度频繁地去角质，都会导致肌肤表层越来越脆弱，使得原来正常的肤质逐渐偏干。

缺少即时滋润

在补水的同时，往往容易忽略滋润补油这一环节。因为油脂具有很强的锁水性，如果没有这层保护膜，那么水分很快就会被环境所蒸发掉。

测一测，你的肌肤有多缺水

01 脸部肌肤虽然看不见皱纹，但摸起来有粗糙感。

02 触摸肌肤感觉缺乏弹性，眼周和两颊较为干燥。

03 有时使用洗面奶或爽肤水后，脸部会有刺痛感。

04 不用保湿霜，脸部马上就会感觉很干。

05 嘴唇经常会脱皮，有时会裂开，手指顶端也会经常脱皮。

06 上妆要用粉底液，如用粉饼，脸上就会浮粉，不贴合肌肤。

07 每次上完蜜粉及眼影时，会觉得肌肤痒痒的。

08 从空调房内出来，总感觉肌肤皱皱的。

09 每天喝的水不少，但还是感觉渴。

答“是”得1分，答“否”为0分。

● **0～3分：肌肤有偏干的趋势**

肌肤趋向于干性肌肤，需要在日常护理中加入保湿成分护肤品。

● **4～6分：干渴肌肤**

肌肤情况偏干，需要使用保湿护肤品，同时多喝水，远离干燥环境。

● **6分以上：严重缺水肌肤**

肌肤严重缺水，全方位深层补水保湿工作刻不容缓。

保湿 是女人美肤的根本

肌肤缺水往往容易引起各种肌肤问题，例如肤色暗黄、过敏、衰老等。所以，保湿是肌肤护理的基础。

先保温，再护理

几乎每一种肌肤问题都与水分的补充和保湿有关系。充盈的水分是美丽肌肤的第一要素，而其他美白、防晒、控油、隔离等基础护肤程序都是在补水保湿的步骤之后才能完成。否则，缺水性肌肤不仅会影响其他护肤品的吸收，还会加剧问题肌肤。

水润肌肤远离过敏与细纹

及时给肌肤补充水分，能增强其耐受力，对于外界的刺激不会轻易出现过敏现象。此外，随着季节的变化和年龄的增加，肌肤角质层有时不能更新出足够的保湿因子，而油脂腺的活跃能力也在减少，这时肌肤干燥、绷紧的现象也就时常发生了。如不及时补水保湿，让肌肤维持更多水分，便会在眼角、嘴角滋生出干燥性细纹。所以，要想美丽常驻于脸庞，保湿是关键的一步。

不可不知的 补水五法

定时补水，定时喝水

长期处于干燥的环境中，更应该加强补水意识，随时在肌肤表面喷洒水分是很有必要的，2小时左右喷一次，能补充肌肤流失的水分。当然也别忘了定时喝水。

保温精华更锁水

先涂上精华液，再抹上乳液，乳液就会像保护帽一样，把精华液紧紧覆盖在肌肤表层下，从而延长水分被蒸发的时间。

身体滋润才水润

随着季节的变化，膝盖、关节、手肘部位常常会发生干燥脱皮现象，因此洗完澡后，可在干燥部位涂抹baby油以改善脱皮现象，让肤质更显水润。

热蒸汽也有补水妙用

浴室里的热蒸汽不但能舒展毛孔，深层清洁肌肤，而且还能加速血液循环，使皮肤水分充足，利于浴后肌肤充分吸收各种保养品。

浴后及时喝水

浴时、浴后身体内水分正在大量流失，蒸汽让体内的汗水、废物不断排出，此时补充体内水分很重要。因此，在洗澡后应喝一杯温水。

根据肤质 实施保湿计划

虽然大家都知道保湿的重要性，但是具体如何保湿呢？

保湿并不是简单地抹上保湿霜就算大功告成，而是要根据肤质实施保湿计划。

干性肤质

肌肤总是绷得紧紧的、很干燥，脸部细小皱纹多，在秋冬脱皮现象尤为明显。所以拍上滋润型爽肤水后，最好使用质地浓稠、锁水能力较强的面霜。每周最好做一次补水、保湿的面膜以滋养肌肤。

油性肤质

油性肤质容易油光满面、毛孔粗大，并且时时有可能遭到痘痘侵袭。日常护理时，要明白出油是肌肤缺水时发出自我保护的讯号，以促使毛孔张开，释放油脂来保护肌肤，从而导致油脂分泌过度。对于这样的肤质，深层清洁、控油紧致、补水呵护、保湿滋润一个都不能少。

混合性肤质

混合性肤质容易在T字区域冒油，两颊部位偏干燥。因此，护理时应结合干、油性肤质的保湿处理方法，针对不同的部位分别对待，做好相应的保湿工作，干燥的部位要保湿滋润，偏油的部位要补水呵护。

敏感性肤质

敏感性肤质特别容易在换季时出现瘙痒不适感，最好选择针对敏感肤质的药妆保湿产品，不要病急乱投医。针对敏感肌肤，可以在每天晚上的时候，用一盆温热的水，浸入干净的小方毛巾，然后将小方毛巾取出，拧干，敷在脸部约5分钟的时间，连续做3次，可以起到有效的保湿作用。

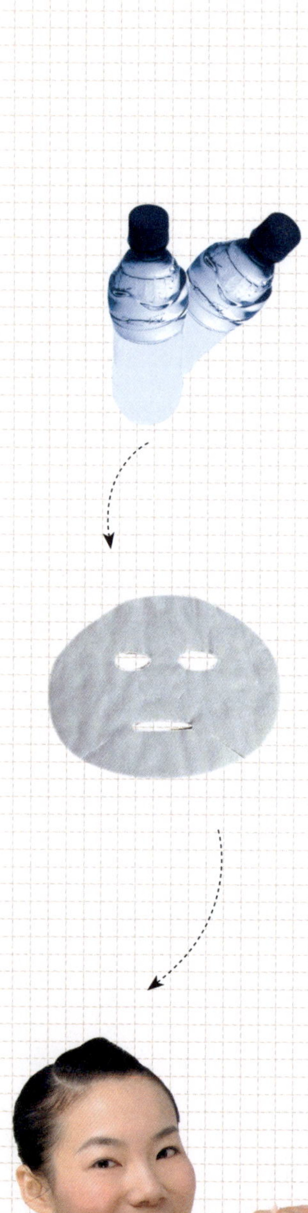

Case 05 超简单，保湿组合DIY

保湿其实也并不复杂，简单的矿泉水和纸面膜，也能带来超强的保湿效果。

矿泉水：万能保湿大王

矿泉水适用于任何肤质，能够镇静肤质并补充水分，还含有丰富的微量矿物离子，并且质地温和、营养成分单一，即使经常用来敷面也不会给皮肤造成负担。每天做一次矿泉水面膜，补水效果非常明显。

纸面膜：黄金组合的另一半

纸面膜经水一泡就能派上大用场，是矿泉水补水敷面的好帮手。在购买时一定要选择正规品牌，看它的裁剪，贴合面部、大小合适、留有眼位才是好的纸面膜。纸面膜最好选择纯棉质地，因为纯棉的纸面膜吸水性好，保水性强。

保湿面膜DIY

选一个比纸面膜宽些的容器，先把纸面膜放进去，再往上面倒些矿泉水，待纸面膜吸足水分，不再膨胀时，取出敷面即可。敷面时间应控制在15分钟之内，否则纸面膜干了反而会吸走肌肤的水分。

高效保湿面膜DIY

芦荟橘汁保湿面膜

美肤功效

能在肌肤表面生成很薄的透明保湿膜，使肌肤吸收水分与养分，并且能有效阻止水分蒸发和滋润肌肤，适用于任何肤质。

材料

鲜芦荟1片，维生素E1粒，柑橘汁、面粉适量。

做法

将芦荟洗净，去皮，捣成泥状；把维生素E、柑橘汁、面粉倒入芦荟泥中调匀。

使用方法

洁面后，将调制好的面膜涂抹在脸上，避开眼睛及唇部周围肌肤，约20分钟后，用温水洗净即可。

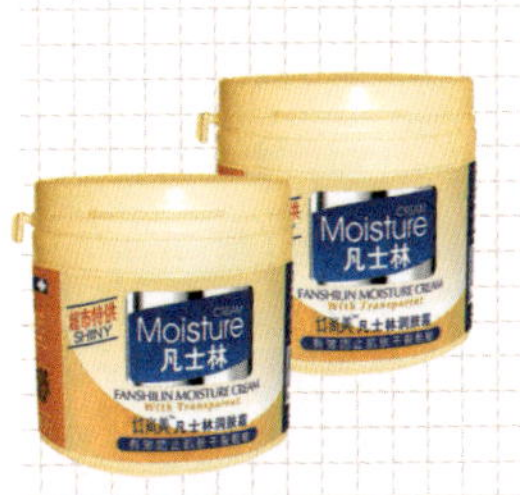

香蕉蜂蜜滋润面膜

美肤功效

香蕉具有极好的滋润效果，添加蜂蜜后能够给予肌肤充分的营养与滋润，并具有补水保湿作用，适用于任何肤质。

材料

香蕉半根，蜂蜜适量。

做法

香蕉去皮，切成小段，放入干净的容器中，将香蕉段用勺子碾压成泥状；将适量蜂蜜加入香蕉泥中，充分搅拌均匀即可。

使用方法

洁面后，将面膜均匀地敷在脸部，约20分钟后，用清水彻底冲洗干净即可。

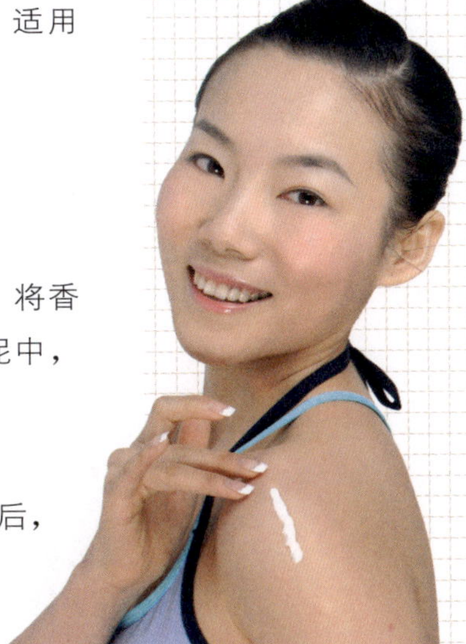

告别“干物女” 才是水美人

身体干燥信号

01 两手掌轻触时，没有湿润感，而是感觉皱巴巴的。

02 观察手肘和手背，呈现出干巴毛糙的状态。

03 洗澡后，擦干身体的时候，背部时常会有紧绷感。

04 观察小腿肚和膝盖部位，有干燥脱皮的现象。

05 洗澡过后，肌肤发红有点瘙痒的感觉。

如上面5项有3项你都具备，就说明你的皮肤偏干燥，要采取应对措施了。

保湿跟我做

〔干燥环境要加湿〕室内环境偏干燥时要放置水盆、摆放加湿器等。

〔洗澡时间勿太长〕洗澡时间过长、次数过多容易把自动脱落的角质层和汗液混合的皮垢洗掉，使得细胞内的水分更容易蒸发，让皮肤变得干燥。

〔浴后要擦润肤乳〕洗澡后擦上保湿乳液，尤其是手肘、膝盖及脚踝等处，让干燥部位得到充分的滋养，防止水分流失。

细心呵护 娇嫩双手

我们的许多工作都离不开双手，所以双手更容易显得干燥粗糙。保湿就要全方位，怎能错过了双手呢？

四季必备护手霜

手部皮肤没有分泌油脂的功能，并且每天接触的东西特别多，不加以护理，手部皮肤就会变得很粗糙，最好的办法是一年四季都应使用护手霜。

多涂多按保水分

在洗碗、洗衣、用过洗手液之后，都要记得及时补涂护手霜，这样才能有效保湿。

结合手部按摩，能加速血液循环和新陈代谢，促进手部皮肤吸收护手霜里的保湿成分。

手套帮助远离伤害

双手工作时，橡胶手套是很好的护手工具，它能隔绝化学物质侵袭。此外，最好不要把手长时间浸泡在水中，因为出水后，干燥的空气会把手上的水分带走，使手越发干燥。

定期手部护理

双手和面部一样，也需要定期进行清洁与护理。坚持一个月做一次手部去角质，可以帮助去除手部的死皮，然后再涂上手膜，让双手可以充分吸收更多的营养。

“足”够水润 才美丽

足部保湿也是身体保湿的一部分，想拥有一双纤纤嫩足，在日常生活中，还应注意下面的三个保养细节。

温水精油来养足

要护理好足部，除了用温水浸泡，还得多加点养分，即在温水里添加植物精油。既然是保湿，那么芦荟、玫瑰、茉莉等精油都可以添加。如果你能坚持每天把双脚浸在加有植物精油的温水中泡10分钟，你会发现足部皮肤会变得越来越细嫩，若配合专门的脚部精油，滴在脚上按摩，连死皮、厚茧都会悄悄离你而去。

足部死皮大扫除

足部容易堆积死皮，最好每周清除一次。最佳去死皮时间是在泡脚之后，此时脚部的皮肤已泡得很软，可以选择专用磨脚石来磨走死皮，再涂上保湿滋养霜即可。

做个脚膜倍加滋润

脚膜不需要什么复杂的材料，只要准备好凡士林和保鲜膜就可以做脚膜了。先将双脚洗净，再给两只脚丫涂上一层凡士林，然后用保鲜膜包上，20分钟后揭开，再涂上一层，最后穿上棉袜睡觉。坚持每周做一次，干燥的足部皮肤会变得柔滑细腻。

OL的 新保湿主义

长期待在办公室的OL（office lady）一族，似乎更容易面临干燥的威胁。办公室经常会开着空调，很少会开窗通风，室内空气不但干燥而且很污浊。所以，提前准备好保湿高招，才能让肌肤彻底远离干燥危险。

高招一：清洁污染源

办公室的显示器、键盘、打印机都是辐射污染源，在此环境下皮肤会因缺水而变得干痒，还会出现细纹。所以开机前建议用专用的抹布把显示屏、键盘和打印机擦一遍，减少上面黏附的灰尘。下班回家后，一定要对肌肤来个深层清洁，然后补水、保湿、滋润一样都不能错过。

高招二：绿植物帮你挡辐射

工作繁忙，眼睛得不到放松和休息，干眼症、黑眼圈都会接踵而来。在办公桌上放几盆绿植物，如仙人球、绿萝、吊兰等，既可以吸附空气中的灰尘，还能有效吸收电磁辐射，让双眼时刻水灵动人。

高招三：养颜花茶不可缺

电脑显示屏由于静电作用，会吸附许多空气中的粉尘和污物，让肌肤更易出现色素沉着、肤色变暗等。所以上班时不妨多喝些绿茶、菊花茶、玫瑰茶等，这些茶水既养颜又补水，抗辐射效果也颇佳。

不能忽视的日常保湿细节

要想做好彻底的保湿工作，日常生活中的小细节也不容忽视。

保持充足睡眠

熬夜或睡眠不足会导致体内水分加速流失，使肌肤出现干燥、脱皮等多种炎症状态。所以当务之急是切莫熬夜，睡饱美容觉。切记，睡美人=水美人。

均衡营养

营养不良皮肤就会出现干燥、粗糙、皱纹、厚硬等状况，所以在日常生活中要注意饮食的多样性和合理性，健康的肌肤才有水润动力。

滋阴汤水

滋阴在中医看来就是给身体内部补水，所以多进食一些滋阴的汤粥，从内部调理五脏，反应到面部肌肤自然是红润光泽。尤其在秋冬季节，是身体进行滋补的良好时机，可以适当加入一些滋补药膳，美味又保湿。

Case 12 滋阴养颜美味DIY

保湿不仅是皮肤表面的补水，身体内部也需要水的滋润。下面两道养生美味，能以内养外，让水润透出来。

百合莲子汤

美肤功效

百合、莲子都是滋阴补血的上等食材，能滋阴润肺、清热养胃，是滋阴养颜的首选。

材料

干莲子、新鲜百合、冰糖。

做法

首先将干莲子放入清水中浸泡；再将新鲜百合去根，掰成小瓣，在清水中充分清洗干净。锅中倒入清水，大火烧沸后，放入浸泡好的莲子、洗净的百合，煮到熟软放入冰糖搅匀，调味即可。

枸杞粥

美肤功效

中医很早就有“枸杞养生”的说法，枸杞子历来被认为是女人滋养身体的上品。

材料

枸杞、粳米。

做法

将枸杞与粳米在清水中洗净，放入沙锅，加入适量清水大火烧开，小火熬煮30分钟即可。

Case 13 四季必念保湿经

四季在变，保湿的意志不变。不过，随着季节的更替，气候的变化，肌肤保湿的方式也要适时做出调整。

春季保湿

春季肌肤应同时进行补水和保湿两个环节。在使用温和的洗面奶清洁面部后，应当及时拍上爽肤水，并抹上高效清爽的保湿产品，给肌肤补水滋润。

夏季保湿

夏季应注重清洁、护理两部分。夏季皮肤油脂汗液分泌旺盛，这时便需要比平时更仔细彻底的洁面，清洁完毕后的夏季皮肤很易干渴，及时拍上清凉的爽肤水非常重要，之后还要抹上质地清爽的乳液保湿。

秋季保湿

秋季气候干燥，护肤的重点就是保湿。这一季的保湿产品要具有一定的补水保湿、润泽肌肤的效果才能使用，涂擦时不妨多按摩一段时间，更有利于血液循环和吸收。

冬季保湿

在冬日选择护肤品要含有充足的保湿滋润成分，以免造成肌肤干糙、脱皮等现象。在有供暖的办公室工作的MM，还应随身携带一瓶补水保湿喷雾，滋润干燥的肌肤。闲暇时要多敷面膜，给肌肤深层的滋养呵护。

女人保湿蔬果**排行榜**

1	**芦荟**	具有保湿、镇定皮肤、抗过敏的效果，果肉不仅可敷脸，榨汁后还可作为保湿喷雾
2	**柑橘**	柑橘中含有的维生素A和微量元素硒，能使肌肤保持湿润
3	**葡萄**	富含糖分和有机酸，是极佳的保湿滋润剂，饮用葡萄汁有很好的补水效果
4	**草莓**	含多种果酸，能使皮肤滋润保湿，更适合油性肌肤。将草莓捣成泥，也可用来制作各种保湿面膜
5	**苹果**	具有保湿、滋养和收缩毛孔的作用，用苹果做面膜或眼膜，效果更佳
6	**香蕉**	富含蛋白质、淀粉、维生素以及矿物质，也具有良好的保湿滋润效果
7	**酪梨**	富含维生素A、维生素D、维生素E，经常食用，能为肌肤提供很好的滋养效果
8	**土豆**	能有效防止皮肤干燥，为肌肤补充水分，持久滋润。用土豆片做眼膜，还能淡化黑眼圈

Chapter 05 内外兼修——美白保养

Case 01 肌肤偏黑暗沉原因大搜罗

防晒工作没做好

出门前肌肤要做好防晒隔离准备，否则肌肤容易变黑。长期不注意，阳光中的紫外线会深入破坏皮肤真皮层，侵害胶原纤维及弹力纤维，并使其氧化变质，肌肤也会因此而失去透明感，导致肤色暗黄偏黑程度加重。

很多MM单纯地认为要改善肌肤偏黑暗沉的问题，只要使用有针对性的美白产品即可。实际上，如果不了解暗沉肤质产生的原因，所有美白工作都会竹篮打水一场空。

清洁不够彻底

化妆品与污垢长期残留在肌肤上，会与油脂及灰尘等混杂在一起形成污垢。如果清洁不彻底，残留在脸上的污垢会氧化变质，令肤色暗哑无光。

经常熬夜

经常睡眠不足或熬夜，会让身体内部器官得不到休息，新陈代谢功能不畅顺，老化角质层便会增厚，而导致肌肤失去透明感，出现灰暗的颜色。

压力过大

长期处于高度的压力中，或压力得不到释放，身体就会处于紧张状态，这就造成血管收缩，使得血液循环不佳，从而使肤色也暗沉了下来。

摄取富含金属元素的食物过多

某些食物也是皮肤变黑的祸根，如富含铜、铁、锌等金属元素的食物。这些金属元素可直接或间接地增加与黑色素生成有关的酪氨酸、酪氨酸酶等物质的数量与活性。如动物肝肾、牡蛎、虾、蟹等食物，会加深肌肤变黑速度。

Case 02 变身“白雪公主”三法则

从“灰姑娘”变身美丽的“白雪公主”并不难，只要在日常的护肤保养中遵守以下三大法则即可。

ABCS准则

国外专家提出了美白保养的基本准则：即“ABCS”，A—Away from sunshine远离阳光，也就是说最好不要去阳光直接照射的地方；B—Block涂美白防晒产品；C—Cover遮阳，即外出要戴帽子或打伞；S—Speakout请大家广而告之。

测一测，你离白皙清肌有多远

01 起床时发现皮肤没有光泽，看起来十分晦涩。

02 皮肤的颜色逐渐黯淡，但不是健康的小麦肤色，而是黄褐色。

03 天气虽然不热，可是脸上仍然喜欢出油，看起来毛孔很大。

04 脸上冒出小雀斑，并且颜色逐渐加深。

05 早上出门肤色还行，到了晚上就变得暗沉起来。

06 每次晒太阳后，都感觉到肤色更深了。

07 洗脸后可以明显看到脸部肤色有不均匀的现象。

08 虽然使用了亮白功效的眼霜，但黑眼圈和眼袋还是不请自来。

09 熬夜后脸色异常憔悴，几天都不能恢复。

答“是”得1分，答“否”为0分。

0～3分：肌肤有变黑的趋势

白皙的肌肤已经有变黑的趋势了，需要在日常护肤过程中加入美白成分。

4～6分：偏暗沉肌肤

你的肌肤已经比较暗沉了，要做好美白保养措施，注意防晒和使用专门的美白护肤品。

6分以上：暗沉老化肌肤

你的肌肤不仅暗沉甚至还有老化的趋势，所以全方位美白工作应立刻展开。

追求健康的白

美白的最高境界是拥有健康、纯净、透亮的肤色，而不是单纯的苍白。所以，一切美白的保养必须以健康为准则。

爱上维生素

维生素和美白的关系可是相辅相成，尤其是维生素A、维生素C、维生素E，它们能改善皮肤组织，抑制黑色素的形成与沉淀。

因此，多吃富含维生素的水果和蔬菜，如番茄、橙子、柠檬、青菜等，可以让你一直不停地变白。

八大护肤锦囊，持续美白

补充大量水分

时刻保持肌肤水分充足是美白肌肤的首要条件。因此，不仅身体要多喝水，还可以准备一瓶高保湿喷雾，这种喷雾水分子小，皮肤极易吸收，经常在脸上喷一喷对美白有好处。

使用美白护肤品

如果之前使用的只是普通护理产品，一定要换成添加美白成分的护肤品。含有植物美白成分的化妆水，不仅可清洁肌肤，还能通过水分的渗透达到收敛毛孔和美白的效果。

进行专业美白护理

有条件的话可以每周去专业的美容院进行专业的美白护理，在美容师的指导下，进行美白的特殊护理，或者使用美白精华素或植物精油，请美容师帮你操作并按摩，效果可能胜过你在家一个月的成绩。

持续使用秀美白面膜

要想美白效果显著，不妨隔天使用一次美白面膜对肌肤进行加强护理，让面膜中的美白精华液渗透到肌肤底层，让肌肤得到强力吸收，使肌肤在短时间内得到改观，达到理想的白皙肤色。此外，敷完面膜后，可不要忘记抹上具有美白效果的乳液或面霜，这样才能使面膜中的美白成分发挥更好的效果。

美白计划 要因肤而异

皮肤不够白其实可以分为很多种，有的是先天黑，有的是后天偏黄，所以制订美白计划也要因肤而异。

天生肤色偏黑型

如果是天生肤色偏黑，美白计划应首先控制，使肌肤不再继续变黑，然后再选择美白护肤品。因此，首先要做好防晒工作，避免肌肤更加黑色化。在日常护理中，最好使用美白精华产品，定期做美白面膜。

肤色偏黄暗沉型

肤色偏黄、暗沉多半是由于日常保养不当所致。制订美白计划时，要把去角质和深层清洁放在首要位置，及时去除废老角质层，才有利于肌肤吸收美白产品。同时，注意不要长时间面对电脑，电脑辐射也会造成肤色黯淡。

熟龄肌肤变黑型

熟龄肌肤容易存在黑色素沉淀和斑点问题。在护理中，应选择高性能、有调理功效的美白产品，并要兼具抗氧化、抗衰老、高保湿等功效。这些产品除了能预防黑色素形成之外，还能再生肌肤细胞，使肌肤呈现健康的白。

美白，莫让斑点挡道

美白的最大敌人除了暗沉的肤色，就当属色斑了。大大小小的色斑分布在白皙的脸颊上，就如同白玉上的瑕疵，让肌肤的美丽大打折扣。

色斑类型知多少

〔雀斑〕 一般出现在鼻周和眼眶下，约针尖至米粒大小，颜色呈棕色，大部分是由紫外线照射引起，少数有家族遗传的现象。

〔晒斑〕 一般出现在脸部、手臂、手背等暴露在外的部位，大多是由于阳光曝晒后引起，颜色呈深棕色或深褐色，初期还伴随有灼烧刺痛感，约一周后即可自行恢复。

〔**黄褐斑**〕一般出现在颧骨、脸颊、额头等部位，大小不定，初期颜色如尘垢，慢慢颜色会加深，变成浅灰褐色。通常出现在更年期妇女脸上，多半是由内分泌失调引起。

去斑进行时

面对斑点日常护理中除了做好防晒、隔离、修护等工作外，还要有针对性地加入去斑面霜、去斑精华、去斑面膜等，这样长久护理才有可能减淡或去除斑痕。对于黄褐斑，最好采用内外结合的方式，可以吃中药调理内分泌，使内分泌保持平衡；饮食上，少吃感光食物，以免使斑点颜色变深。

去斑美白面膜DIY

薏仁牛奶蛋清去斑面膜

美肤功效

此款面膜美白的同时可以治疗雀斑、黄褐斑，使斑点淡化消失并滋润肌肤。

材料

取薏仁粉2勺，脱脂奶粉1勺，蛋清适量。

做法

将薏仁粉和脱脂奶粉充分拌匀，然后加入蛋清搅成糊状。

使用方法

清洁脸部后，将面膜涂于脸部，并轻轻地按摩以便于肌肤的吸收，15分钟后用清水洗净。

白芷薏仁绿豆去斑面膜

美肤功效

白芷能消除色素在皮肤表面过度堆积，绿豆粉有消炎解毒作用，薏仁粉可消斑美白，用牛奶将三者调匀，有更快去除黑色素的作用，并净白肌肤。

材料

白芷粉1勺，绿豆粉1勺，薏仁粉1勺，牛奶适量。

做法

将白芷粉、绿豆粉、薏仁粉放入面膜碗中搅拌均匀，然后加入适量牛奶搅成糊状。

使用方法

清洁脸部后，将面膜涂于脸部，15分钟后洗净。

中医药方 巧去斑

说到去斑，汉方汤药美白一直深受人们欢迎。以下三服中医美容药方，都是从调和气血、调理五脏入手，从而达到去斑美白之效。

通窍活血汤

材料

麝香0.2克、当归15克、赤芍10克、桃仁10克、红花10克、菖蒲5克、远志15克、枣仁15克、川芎10克、茯神10克、葱3段。

使用方法

水煎，温服，每日1剂，分2次服，15天为1疗程。

三白汤

材料

白芍5克、白术5克、白茯苓5克、甘草2.5克。

使用方法

水煎，温服，每月1剂，分2次服，坚持服用。

桃红四物汤

材料

熟地15克、当归15克、白芍10克、川芎8克、桃仁9克、红花6克。

使用方法

水煎，温服，每日1剂，分2次服。

日夜美白大作战

没有丑女人，只有懒女人，妄想美白护理能一劳永逸是不现实的。白天和夜间都需要坚持不同的美白之道，才能让美白这场战役获得最终胜利。

白天：清除角质，隔离修护

肌肤在夜间新陈代谢较快，老废角质迅速堆积，所以在白天要使用温和的美白洁面产品，并辅以按摩，可以去除老废角质。要把美白工作做得滴水不漏，隔离、修护、抗氧化决不能忽视。当肌肤细胞受损氧化，就无法阻止黑色素的生成。所以出门前，抹上具有抗氧化功效的隔离霜也很重要。

晚间：对抗黯沉，美白滋养

晚间是肌肤修复的最佳时机，做好深层清洁后，选用针对性强的美白精华素，能集中对抗脸部斑点和暗沉。

同时，选择质地润泽细滑的美白乳霜，能将美白精华深层带入肌肤底层，让肌肤一整夜都得到美白滋养。

了解粗大毛孔成因

粗大的毛孔常常带来油腻与黑疙瘩，让美白一再受阻，到底它们是怎么形成的呢？

不堪出油重负

油性肤质出油量大，当毛孔无法负荷沉重的油脂分泌时，只好撑大自己的容积，让更多的油脂顺利分泌出来，这时毛孔也就变得粗大了。

脏物堵塞而致

卸妆不彻底，面部清洁不到位，残留化妆品和污垢就会堵塞毛孔，而皮肤分泌物无法通过毛孔顺利排出，慢慢就撑大毛孔了。

干燥缺水引发

肌肤缺水就会导致表皮收缩，那么原本正常的毛孔就会因紧绷而拉伸开，久而久之，正常的毛孔也慢慢变大了。

肌肤老化毛孔变大

当你年轻时，毛孔因出油或脏物负荷过大，随着年龄的增长，肌肤细胞氧化、胶原蛋白流失之后，毛孔失去这些物质的支撑，就会失去弹性而变大。

冰果反“孔”秘籍

冰敷

01 在温水洁面之前，把专用的洗脸毛巾放到冰箱里冰一会。洗完脸后，把冰毛巾轻敷于面部1分钟，可以起到不错的收敛效果。

02 在洁面之前，把化妆水放到冰箱里冰一会，然后用化妆棉蘸取冰冻过的化妆水，涂满全脸，并轻轻拍打，收缩毛孔效果颇佳。

果皮敷

吃完的西瓜皮、柠檬皮等都可以拿来敷脸，它们有很好的柔肤收敛效果，还可以抑制油脂分泌和达到美白功效。

细盐有很好的消炎、杀菌功效，每周用细盐在毛孔粗大处轻轻按摩约30秒后洗掉，能改善毛孔粗大、油光等肌肤问题。

天然高效缩孔面膜DIY

牛奶蜂蜜缩孔面膜

● **美肤功效**

此面膜可深层清洁毛孔，细致毛孔，使肌肤光滑细致。

● **材料**

奶粉1勺，蜂蜜20克，鸡蛋1个。

● **做法**

将蛋清从鸡蛋里分离出来，然后加入适量蜂蜜搅拌匀，再加入奶粉搅成糊状。

使用方法

将面膜敷在脸上约15分钟，以冷水清洗干净即可，每周1～2次。

细盐蛋清缩孔面膜

美肤功效

此面膜可细致毛孔，适合中油性肌肤。

材料

鸡蛋1个，面膜纸1张，细盐适量。

做法

将蛋清从鸡蛋里分离出来，然后与细盐充分搅匀，再放入面膜纸浸泡。

使用方法

将面膜敷在脸上约15分钟，揭下后以冷水冲洗干净，每周1～3次。

胡萝卜蛋黄缩孔面膜

美肤功效

能够有效地收缩毛孔，还能软化肌肤，细致毛孔，使肌肤光滑细致。

材料

胡萝卜半根、蛋黄适量。

做法

将胡萝卜切小块，和蛋黄一起放入果汁机中打成泥即可。

使用方法

将面膜敷在脸上约20分钟，以温水清洗干净即可，每周1～2次。

木瓜菠萝缩孔面膜

美肤功效

有效去除肌肤的老化角质，防止毛囊堵塞，细致毛孔。

材料

取青木瓜1小块，菠萝1小块，面粉30克。

做法

将菠萝和木瓜的果肉一同放入容器中，捣成泥状，然后再把面粉加入果泥中，充分搅拌均匀。

使用方法

将面膜敷在脸上约15分钟，再用温水冲洗干净，每周1～3次。

柠檬蛋清缩孔面膜

美肤功效

此面膜能有效收缩毛孔，增加肌肤的弹性，使脸部的肌肤更加紧实、嫩白。

材料

鸡蛋1个，柠檬汁约10毫升。

做法

将鸡蛋去壳，把蛋清分离出来，然后在蛋清中加入柠檬汁，充分搅拌均匀即可。

使用方法

将面膜敷在脸上约15分钟。敷面时，最好不要有大的表情，以免产生细纹。之后用温水冲洗干净，每周1～3次。

告别红血丝，美肌白里透红

红血丝是不少白皙肌肤常有的问题，大多是因为面部毛细血管扩张，或一部分毛细血管位置表浅引起的面部过敏现象，一般呈丝状排列，出现在脸颊、颧骨或鼻周。这种不健康的白里透红，需要我们在日常护理时更加小心。

温和护理

红血丝肌肤一般皮肤比较薄，耐受力比较差，所以不适合选用清洁力较强的洁面产品，否则会加剧过敏现象。同时，尽量不要使用浓度较高、含金属或矿物质的护肤品，过于高纯的滋养会让肌肤无法承受。

不过，在洗澡时可以按摩红血丝部位，促进面部血液流动，有助于增强毛细血管弹性。当肌肤受热，感觉面部毛细血管膨胀时，不妨采取冰敷法，以减轻发热、肿胀等感觉。

远离刺激

红血丝肌肤更容易因为外界的刺激而加重“红色”，所以在日常生活中要避免外界环境过冷或过热而产生的刺激，可以尝试经常用冷水洗脸，以增加皮肤的耐受力。此外，养成不抽烟、不喝酒，多吃新鲜水果、蔬菜的习惯。

防过敏美白面膜DIY

红血丝肌肤需要温和的护理，而DIY制成的防过敏面膜自然是首选。

芦荟蛋白面膜

● 美肤功效

芦荟有消炎镇定的功能；蛋白可以清热解毒；蜂蜜中所含的维生素、葡萄糖、果糖则能滋润、美白肌肤，并有杀菌消毒、加速伤口愈合的作用。

● 材料

芦荟叶子1片，蛋白、蜂蜜少许。

● 做法

将芦荟果肉与蛋白、蜂蜜混合在一起，搅拌均匀。

● 使用方法

将面部清洁后，轻轻地敷上面膜泥，注意一定小心避开眼睛部位，约10分钟后洗净即可。

银耳冰糖汁退红面膜

● 美肤功效

银耳冰糖汁可以镇定、消炎，具有退红去红血丝的功效。

● 材料

银耳、冰糖适量。

● 做法

将银耳、冰糖加水熬成汁待用。

● 使用方法

待汁水冷却后，轻轻涂在脸上，用冰毛巾敷在上面，约15分钟后洗净。

蜂蜜燕麦退红面膜

● 美肤功效

此面膜对面部红血丝有一定的改善效果，还能有效减少色素的沉着。

● 材料

燕麦3勺，鸡蛋1个，蜂蜜适量。

● 做法

将鸡蛋去壳，把蛋清分离出来，然后加入燕麦和蜂蜜调成糊状。

● 使用方法

洁面后，将此面膜均匀敷于面部，约15分钟后洗净即可。

中医教你点“靓”美白穴

在中医看来，面部反映了五脏的精气神，五脏运转不佳，则面色无华晦暗。而通过正确的按摩方法可以改善血液循环，利于排出暗沉毒素，令肌肤恢复健康润泽的亮白光彩。

按摩迎香穴

迎香穴位于鼻翼两侧，与直视时的眼睛呈垂直连线。按摩这一穴位能改善身体不适引起的面色蜡黄，有助于缓解黯淡的肤色。按摩时可以用大拇指和食指指尖按住穴道，微微使力，以左右方向来回推动，刺激穴位，每次约1分钟。

减退暗沉按摩法

可以先用手掌或海绵沿小腿外侧打圈，左右腿重复交替做，用力一点效果更好。然后在距离脚踝内侧7厘米位置，用大拇指按压5秒。以上动作各重复6次。

减退天生黑肤色按摩法

用食指及中指的第二节在耳背的凹下位置按压，每次按三秒，做五次。

Case 15 珍珠粉内用外敷，美白计

珍珠，历来是美白的象征，也是美白肌肤的佳品。无论内服还是外敷，巧用珍珠粉都能带来意想不到的美白效果。

珍珠粉外敷

外用珍珠粉可以美白肌肤，让肌肤更加光彩靓丽，并且还能增强肌肤SOD的活性，从而起到抗氧化的作用。

01 〔**香蕉珍珠粉面膜**〕将香蕉捣成泥状，加入鲜奶、茶水，再放入珍珠粉搅匀，然后均匀涂抹在脸上，待20分钟后用温水洗净即可。

02 〔**牛奶珍珠粉面膜**〕将牛奶和蛋清搅拌均匀，加入珍珠粉搅成糊状，然后敷于脸部，待20分钟后用温水洗净即可。

03 〔**芦荟珍珠粉面膜**〕将芦荟汁和面粉拌匀，再加入珍珠粉搅成糊状，然后均匀涂于脸部，过15分钟后，再涂一层，待20分钟后用温水洗净即可。

04 〔**蜂蜜珍珠粉面膜**〕在蜂蜜里加入适量奶粉，再加入珍珠粉拌匀，然后厚厚地涂于脸部，待20分钟后用温水洗净即可。

05 〔**与面霜同用**〕在面霜里调入适量珍珠粉拌匀，然后涂抹于脸部，并辅助按摩让肌肤吸收即可。

珍珠粉内服

内服珍珠粉能够增强免疫力，养肝明目，让青春常驻。

〔**含服法**〕在早餐前或临睡前，含服小半勺珍珠粉，然后用温开水吞下。

〔**蜂蜜法**〕每天早上取一勺珍珠粉与蜂蜜调和，然后空腹喝下。

〔**醋饮法**〕将珍珠粉倒进苹果醋里面，待珍珠粉融掉后，加少量温开水饮用。

〔**胶囊法**〕直接购买珍珠粉胶囊内服，每次1～2颗，早晚各一次。

女人美白蔬果**排行榜**

1	猕猴桃	被誉为“维C之王”，常食可抑制黑色素；切片后还可用作美白眼膜
2	柠檬	富含维生素C，可消除皮肤色素沉着，榨汁后还可做各种美白自制面膜
3	番茄	含有大量维生素C，能够有效美白肌肤和淡化斑点。可以生吃，也可以熟食，还可以捣烂后作为美白淡斑面膜
4	木瓜	木瓜酵素，能有效软化肌肤，使皮肤柔软白亮；木瓜汁或木瓜面膜都有很好的美白作用
5	黄瓜	含大量维生素和果酸，能清洁肌肤，消除晒伤和雀斑；用黄瓜片敷面能美白淡斑
6	菜花	含丰富维生素C，经常食用可有效抑制黑色素生成，预防黑斑、雀斑的产生
7	菠菜	不仅可以补充铁质，更含有丰富的维生素C和维生素A。用菠菜做粥或汤，都可美白肌肤
8	白萝卜	中医认为，白萝卜可“利五脏、令人白净肌肉”，经常食用白萝卜不仅营养价值高，而且美白效果显著

Chapter 06 抚平肌肤——去痘无痕

青春痘or成人痘

痘痘是不少MM的烦恼，满脸的小疙瘩让肌肤魅力值直线下降。要想快点摆脱它，得做到知己知彼，才能百战百胜。你知道痘痘的种类吗？

青春痘

青春痘也叫痤疮，主要发生在青春期。它主要是由于体内激素分泌过多，皮脂腺过于旺盛，大量分泌油脂，使污物堵塞毛孔引起的皮肤问题。

成人痘

成人痘又被称为“后青春期痘痘”，常见于22～30岁左右具有混合性肤质的人群。成人痘的出现不分季节，且多生长在下巴、嘴角附近的U形区。它主要是因为环境压力过重、日夜颠倒的作息、不良的饮食习惯等导致内分泌失调所致。

去痘良方

经常睡眠不足或熬夜，会让身体内部器官得不到休息，新陈代谢功能不畅顺，老化角质层便会增厚，青春痘、成人痘两种痘痘，虽然成因各不相同，但去除方法有相似之处：首先应做好肌肤的清洁工作，让毛孔干净清透，不再滋生痘痘困扰；其次应保持良好的生活习惯，不给痘痘可乘之机；最后坚持清淡饮食路线，平时多吃水果和蔬菜。

不同部位的痘痘问题

痘痘长在不同的位置，往往预示着不同的身体健康问题。

额头有痘

代表心火旺、血液循环有问题，可能是过度劳累伤神引起的。应养成早睡早起的习惯，睡眠充足，并多喝水，还要加强运动。

鼻周有痘

若长在鼻梁处，代表脊椎骨可能出现问题；若长在鼻头处，可能是脾胃上火、消化系统异常；若在鼻头两侧，可能跟卵巢机能或生殖系统有关。

下巴有痘

表示肾功能受损或内分泌系统失调。女生痘痘长在下巴周围，还有可能是月经不调所致。

脸颊有痘

一般是肝功能或肺功能不顺畅所致，需要在饮食和作息方面好好保养。

太阳穴有痘

太阳穴附近出现痘痘，表明你的饮食中包含了过多的加工食品，而造成胆囊阻塞。

三种 痘痘形态

在不同的生长阶段，痘痘还会呈现出不同的外貌形状。我们必须一一辨认清楚，方能及早治疗。

白头型痘痘

这是痘痘的早期症状，代表肌肤代谢能力刚刚开始下降，通常生长于下巴、额头处，看起来像一颗颗小白米粒微微突起于皮肤上。

红肿型痘痘

比较常见于痘痘发展期。由于毛孔无法正常排泄肌肤废物，肌肤代谢能力持续下降，表面污垢堆积，让细菌有了可趁之机，导致细菌感染，形成了炎症，引发了局部红肿。

脓包型痘痘

这是炎症进一步恶化的表现，也是痘痘的终极表现形式。肌肤表面形成了丘疹，内部开始慢慢化脓。这种痘痘不仅外观看上去红肿不堪，细看痘痘中心还有白黄色脓包。

痘肌产生原因 大搜罗

为什么光滑无痕的面部肌肤容易出现“痘子”的痕迹？真正的罪魁祸首就在我们身边。

护理不当

清洁工作不到位、卸妆不彻底，从而导致面部污垢太多，痘痘当然不请自来。此外，使用不适合本身肤质的护肤品，过于滋养或油腻，都会让肌肤产生负担，招来痘痘。

摄水量不足

充足的水分有助于排出体内代谢废物，如果每天摄水量不足，毒素大量堆积在体内，得不到释放，想不长痘都难。

不健康的饮食

长期食用肥腻、辛辣、油炸的刺激性食物，或者饮食习惯不规律，都易导致内分泌失调，使营养不均衡，从而促使痘痘出现或者痘情加重。

缺少足够睡眠

长期睡眠不足，或经常熬夜的人，也容易产生痘痘。因为身体排毒一般在夜晚睡眠时进行，熬夜会导致身体无法正常排毒，毒素堆积于面部便成了痘痘。

Case 05 好习惯 帮你战"痘"胜利

长痘痘并不可怕，只要在各方面加以注意，就一定会战"痘"成功。

彻底清洁

日常清洁工作做到位，每天回家后务必卸妆，保持每周去一次角质或做一次清洁面膜，使肌肤时刻呈现干净清爽的良好状态。

正确护理

选择护肤品时应根据肤质，有针对性地使用。通常在油性或混合性肤质上都容易生长痘痘，应考虑控油保湿的乳液护肤品，抑制油脂分泌。

注意个人卫生

皮肤较油的MM要注意多洗头，保持清爽，以免头皮上的油性加重脸部痘痘的状况。平时还要定期更换清洁床单、被套、枕巾等物品，以防螨虫滋生。

睡眠充足

每天的睡眠时间应保证有8小时，同时最好在晚上11点前睡觉，切忌熬夜，有利于内部器官排毒与休息。

保持好情绪

情绪不稳定、心情糟糕时更容易导致内分泌失调，所以时常保持开心、乐观、自在的心情，也有助于远离痘痘的烦恼。

Case 06 护理痘肌 四大禁区

慎用护肤化妆品

痘痘本身属于肌肤炎症，所以使用护肤品时要尤为注意，不能再使用磨砂膏和收敛水，否则只会刺激表皮，激化皮脂腺的分泌；而收敛水会收缩毛孔，让原本堵住的毛孔变得更小，不利于肌肤呼吸。化妆品也要尽量少用，以免堵塞毛孔，不利于痘痘复原。

忌触摸

痘痘肌肤忌讳直接用手触碰患处，因为手上易携带细菌，直接触碰会加重炎症。

忌挤压

千万别抠、挤或挑破痘痘，这样容易造成伤口感染，甚至还会留下难以治愈的痘疤。

忌刺激

尽量避免食用辛辣、油炸、高热或含有色素以及添加剂的食物，这些食物会进一步恶化痘痘肌肤。

紧急去痘，冰敷搞定

01 〔冰毛巾敷脸〕把专用洗脸毛巾放在冰箱冷藏室内冷藏保存几个小时后，取出，敷在洗净的脸上。这样能起到收敛、镇静的效果，缓解痘痘的红肿情况。

02 〔冰块敷痘〕洗脸后，将小冰块涂抹在红肿的痘痘上面，有助于消炎镇静。如果冰块里事先加入菊花茶、绿茶、玫瑰茶等，效果会更好。

03 〔冰水收敛〕清洁面部后，在清水中加入一些冰块，用冰水反复冲洗脸部，对收敛毛孔、镇静痘痘肌肤的红肿发炎情况非常有用。

去除痘印小妙招

恼人的痘痘离开后，常会在脸上留下红色或黑红色的痘印，也会影响美观，如何有效去除呢？

芦荟黄瓜去痘印

芦荟和黄瓜都具有消炎的功效。新鲜芦荟，去皮，切成小片后敷在痘印上，能够修护肌肤、淡化痘印；黄瓜则可以洗净，去皮后榨成汁，洗完脸后抹在脸上，静置大约20分钟后再用温水冲洗干净，不但可以去除痘印，还可以美白肌肤。

马齿苋草去痘印

把马齿苋草捣碎榨成汁直接涂在有痘印的地方，或加上蜂蜜调匀当面膜使用，去除痘印的效果十分显著。

苹果片去痘印

把苹果切成片，然后用热水泡，等苹果片变软后拿出，凉一点的时候再贴到脸上有痘印的地方，每周持续2～3次，即可达到去除痘印的效果。

天然高效去痘面膜DIY

香蕉排毒去痘面膜

● 美肤功效

此面膜能有效防止痘痘的生成，并清除面部多余油脂。

● 材料

香蕉1根，植物芝士1勺。

● 做法

将芝士和香蕉放入搅拌机中，搅拌成糊状即可。

● 使用方法

洗完脸后，将面膜均匀涂抹在脸上，15分钟后用温水冲洗干净。

白茯苓绿豆粉去痘面膜

美肤功效

此面膜能去除痘痘，淡化痘印，还能美白肌肤。

材料

绿豆粉1勺，白茯苓粉2勺，白芷粉1勺，白芨粉1勺，牛奶适量。

做法

绿豆粉、白芷粉、白茯苓粉、白芨粉混合，加少量牛奶调和成糊状即可。

使用方法

洗脸后，将面膜涂在脸上约20分钟后，用温水洗净。

白芷白藓去痘面膜

美肤功效

有活血祛风、排脓消肿的功效。

材料

白芷50克，白藓皮20克，硫磺粉10克。

做法

将白芷和白藓皮洗净烘干后，研磨成极细的粉末，再加入硫磺粉混合均匀，用凉开水调成糊状即可。

使用方法

睡觉前，涂于脸部有痘痘的地方，第二天早晨用温水洗去。

胡萝卜柠檬去痘面膜

美肤功效

有效去除痘痘、面疱、痘印。

材料

胡萝卜半根，柠檬汁1勺，酸奶2勺，啤酒3勺。

做法

把胡萝卜放入搅拌机中搅成泥状，将柠檬汁、酸奶、啤酒加入胡萝卜泥中，充分搅拌均匀。

使用方法

洗完脸后，将本款面膜敷在面部，避开眼、唇部皮肤，用手轻轻按摩，约15分钟后，用温水洗净即可。

排毒去痘饮品DIY

生姜蜂蜜去痘饮

美肤功效

这款饮品有助于排出体内毒素，能有效去痘，还能淡化痘印。

材料

生姜片5片，蜂蜜、水各适量。

做法

将新鲜的生姜片放入准备好的水杯中，用200～300毫升开水浸泡5～10分钟，加入少许蜂蜜调味搅匀即可。

使用方法

可代茶饮。

玄参知母去痘饮

美肤功效

这道饮品能降火解毒，并舒缓镇静痘痘，预防痘痘生成。

材料

知母10克，玄参10克。

做法

把知母和玄参放入锅中，加入约400毫升水，煮成200毫升后，取汁去渣即可。

使用方法

可代茶饮。

薏仁去痘饮

美肤功效

这道饮品能清热解毒，抗菌消炎，对脓包型痘痘疗效颇佳。

材料

薏仁、鲜蒲公英各30克，水800毫升。

做法

将上述材料清洗干净，一起放入锅中，加水，以大火烧开，再转小火熬煮20～30分钟，然后过滤出汤汁，大概500毫升即可。

使用方法

可代茶饮，连续饮用3个月，痘痘、脓包全消。

珍珠薏仁去痘饮

美肤功效

这道饮品能解毒消肿，对滋生痘痘的伤口有很好的收敛生肌功效。

材料

薏仁粉10克，珍珠粉0.5克。

做法

把薏仁粉和珍珠粉放入保温杯中，倒入热水200毫升，搅拌均匀即可。

使用方法

可代茶饮。

黄连绿茶去痘饮

美肤功效

这道饮品能清除体内燥热，改善红肿有脓的痘痘，并抑制细菌的滋生，消炎、消肿作用极佳。

材料

黄连5克，绿茶5克，鱼腥草5克。

做法

将上述材料全部放入锅中，加入约500毫升水，大火煮沸，再转为小火煮10分钟，取汁去渣即可。

使用方法

可代茶饮。

Chapter 07 焕然新生——除皱滋养

皱纹产生原因大搜罗

肌肤老化最典型特征就是出现皱纹。通常皱纹的产生跟每个人的保养方式和生活习惯有着很大的联系，下面来一一探究原因吧！

缺水

肌肤的弹性需要水分支持，如果水分不足，就会导致肌肤细胞如同干涸的土地一样，呈现龟裂的纹路。所以缺水是产生皱纹的主要原因，包括体内缺水和皮肤缺水两个方面。

护理不当

错误的护理方式是导致皱纹出现的原因之一。例如水温太高，皮肤的油脂和水分就会被热气所吸收，导致皮肤干燥，形成细纹。长期使用化妆品或过度使用精华，都会造成肌肤毛孔逐渐老化，呈现皱纹。

缺少防晒隔离

紫外线是肌肤老化的头号大敌，肌肤缺少防晒和隔离的保护，直接裸露在紫外线下，不仅会变黑，更容易出现皱纹、松弛、粗糙等现象。

不正确作息饮食

饮食与作息也是形成皱纹的因素之一。由于节食或者挑食，肌肤营养摄取不够均衡充分，也会造成皮肤肌肉组织营养不良，皮肤变松出现皱纹。长期睡眠不足，也会导致黑眼圈、眼袋、皱纹等相继出现。

测一测，你的肌肤年龄

01 每次洗完脸后感觉肌肤紧绷，用手触摸十分粗糙。

02 在拍化妆水的时候，水分立刻被吸干。

03 感到只搽乳液仍不够滋润，小细纹明显。

04 脸上的毛孔越来越粗，有时会随着表情出现一些小皱纹。

05 笑的时候，眼下有放射状的皱纹，眼角有条状鱼尾纹。

06 鼻翼附近或两旁的法令纹似乎更加深了。

07 唇部常常觉得干枯，嘴角边沿似乎有些下垂，有清晰可见的唇纹。

08 照镜子时，发现颈部肌肤有些松弛，能明显看到一道一道的轮廓。

09 两颊的肌肉变得松松垮垮，颧骨更突出了。

答“是”得1分，答“否”为0分。

● 0～3分：

你的肌肤年龄在24～28岁之间，肌肤的弹性正在逐渐减退，需要细心呵护。

● 4～6分：

你的肌肤年龄在28岁以上，各部位逐渐松弛老化，需要给肌肤更多的营养。

● 6分以上：

你已经是完全的熟龄肌肤了，除皱保养刻不容缓。

除皱计划一：浅皱纹

面部的皱纹有深浅之分，不同程度的皱纹护理也有差异。洗脸后，对着镜子微笑一下，如果能看到嘴角、眼睛附近有细小的纹路，这就是浅皱纹了。

浅皱纹抚平计划

01 多喝水，并持续使用深层保湿的护肤品，赶走浅皱纹。

02 长期待在干燥的环境内，最好放一杯水或备置空气加湿器，以增加空气的湿度。

03 外出时，一定要抹防晒隔离产品，回家后还要及时做好清洁工作。

04 保持充足睡眠。最好每晚11点前就上床睡觉，因为11点至凌晨2点是肌肤自我修复的黄金期，充足的休息能让肌肤尽快恢复健康的状态。

除皱计划二：深皱纹

深皱纹的产生主要是由于皮肤真皮层黏多糖的减少以及胶原蛋白的流失引起的，35岁以上的女性尤为多见。

深皱纹抚平计划

01 使用专门的、有针对性的抗皱护肤品，为肌肤外层添加所需营养。

02 配合适当的面部按摩可以有效舒缓细小皱纹，增加肌肤细胞含氧量和水分，令肌肤恢复光泽。每周还可以自行按摩一次或请专业的美容师帮助按摩。

03 每天洗脸后，用冷毛巾敷面3～5分钟，可以紧实肌肤，增加肌肤弹性，舒缓皱纹。

04 维生素A和维生素E能滋润肌肤，要多吃富含维生素A和维生素E的食物，如：胡萝卜、动物肝脏等，也可适量服用维生素A和维生素E药丸。

巧手按摩，与表情纹说再见

表情纹的形成

表情纹的形成与面部表情有关，例如习惯眯眼看东西，会在内外眼角形成横向细纹；经常大笑，则易在眼尾形成皱纹；时常撇嘴，则可能在鼻、嘴两侧形成法令纹。

按摩除表情纹

面部的表情是不可能完全控制的，所以要想去除表情纹，不妨通过按摩来淡化皱纹。

Step1:
嘴角（法令纹处）：运用中指指腹，由下往上以画圆的方式按摩。

Step2:
眼尾（笑纹处）：先用一只手将眼尾向外拉平，另一只手的无名指沿着眼尾处以画圈方式按摩。

Step3:
眉心（皱眉处）：运用中指指腹沿着眉心由下往上，交叉按摩。

Step4:
额头（抬头纹处）：运用手指指腹，沿着额头由下往上轻抚。

高效除皱面膜DIY

人参当归除皱面膜

● 美肤功效

有效去除面部皱纹并滋养肌肤，使皮肤变得光滑有弹性。

● 材料

当归粉、人参粉、麦冬粉适量，蜂蜜、蛋液适量。

● 做法

取当归粉、人参粉、麦冬粉拌匀，再加入蜂蜜和蛋液，调成糊状即可。

● 使用方法

洁面后，把面膜均匀涂于脸部，15～20分钟后洗去，每周做2次。

番茄黄瓜蛋黄除皱面膜

● 美肤功效

能减少皱纹，延缓衰老，有效滋润皮肤。

● 材料

鸡蛋2个，番茄1个，黄瓜1根。

● 做法

番茄、黄瓜榨汁，鸡蛋用过滤勺将蛋黄分离出来，将番茄黄瓜汁与蛋黄放入碗中搅拌均匀即可。

● 使用方法

洁面后，把面膜均匀涂于脸部，15～20分钟后，用温水洗净即可。

燕麦杏仁蜂蜜除皱面膜

● 美肤功效

能有效滋润面部肌肤，使肌肤光滑细致，从而延缓皱纹的产生。

● 材料

燕麦片3勺，杏仁油1勺，酸奶20克，蜂蜜适量。

● 做法

将燕麦片用金属汤匙背稍微碾碎，再把燕麦片、杏仁油、酸奶、蜂蜜一同放入碗中搅拌均匀即可。

● 使用方法

洁面后，取适量面膜均匀涂在脸上，20分钟后用温水洗净即可。

红酒除皱面膜

● 美肤功效

红酒中含有超强抗氧化剂，经常使用红酒面膜能有效预防皱纹形成。

● 材料

红酒1小杯，纸面膜1张。

● 做法

将纸面膜放入塑料容器中，将红酒倒入，让面膜纸充分浸湿吸收。

● 使用方法

洁面后，取面膜敷在脸部，20分钟后取下用温水将脸洗净即可。

银耳鲜奶除皱面膜

美肤功效

银耳抗衰老紧肤功效显著，常敷这款面膜能使肌肤细腻，还可美白肌肤赶走黯沉。

材料

鲜牛奶35克，干银耳10克，橄榄油适量。

做法

将干银耳研磨成细致的粉末，然后加入鲜奶和橄榄油拌匀。

使用方法

临睡前洁面后，将面膜敷涂面部，20分钟后用清水洗去。

果蔬敷面去皱法

除了DIY面膜，一些常见的蔬果也是用来除皱的好材料。

香蕉

将香蕉去皮捣烂后，加半勺橄榄油搅拌均匀，涂在脸上，有不错的去皱效果。

橘子

将橘子连皮捣烂，加适量蜂蜜放入玻璃容器中，密封一周后取出使用，有去除皱纹和润滑皮肤的功效。

草莓

把草莓切成薄片敷面，有美白除皱的功效。

番茄

把番茄切碎压成汁，然后加少许蜂蜜调匀，之后涂抹面部，使肌肤更幼滑。

西瓜皮

西瓜皮用清水洗净后擦面，然后用清水冲洗净，可以减轻皮肤皱纹。

黄瓜

把黄瓜切成薄片后敷在面部，能使肌肤娇嫩细滑。

丝瓜

将丝瓜汁混合蜂蜜，然后涂在脸上，再用清水洗净，能有效去皱。

未雨绸缪，两招预防眼部皱纹

由于常常面临外界环境影响，眼睛是最容易滋生皱纹的部位之一。如何预防眼部皱纹，在日常护理中，我们必须注意：

正确涂眼霜

01 洁面后，用无名指或中指取绿豆大小的眼霜，然后两中指的指腹相互揉搓，给眼霜激活加温，使之更容易被肌肤吸收。

02 以点的方式，将眼霜均匀地拍打在眼周肌肤上。在下眼窝和眼尾处可以适量多涂点。

03 先从眼部下方，由内向眼尾处轻轻按压；再转至上方，由内向外轻轻按压。

04 用中指指腹从眉头下方开始，轻轻按压；再沿着眼眶，由内向外轻轻按压。按摩4～5圈后，直至眼霜完全吸收即可。

定期做眼膜

眼膜能滋润眼部、消除水肿、改善黑眼圈，定期做眼膜，能预防眼部皱纹。

小细节 “擦”掉鱼尾纹

鱼尾纹是指在眼角和鬓角间出现的皱纹，其纹路与鱼尾巴上的纹路很相似，在笑的时候更明显。要想无所顾忌地开怀大笑，首要任务是“擦”掉眼角的鱼尾纹。

01 应该多选择适合自己肤质的眼部保养品，这样才能阻挡干纹的出现、皱纹的产生。

02 除了早晚使用适合肤质的眼部保养品以外，最好每周敷1～2次补水保湿的眼膜。

03 每天晚上睡觉前，可以蘸取适量维生素E油液，并辅以按摩手法，轻轻按摩眼周肌肤。

04 正确用眼，不要长时间眯起双眼看东西，写字的时候也不要离桌面太近，经常做眼保健操。

05 注意防晒，烈日高照时，可以打伞，或者戴上太阳镜。

06 不要过分揉擦眼睛，尤其是卸除眼部妆容时，切忌大力或用力过度，以免加重皱纹。

高效抗皱眼膜DIY

银耳珍珠眼膜

美肤功效

此款眼膜具有滋养、保湿、除皱、细肤的功效。

材料

蜂蜜10克，银耳20克，珍珠粉5克，水适量。

做法

提前将银耳泡发，再入锅开小火，待熬成浓汁后，再加入蜂蜜和珍珠粉，熬5分钟后，盛出锅冷却即可。

使用方法

洗脸后，用化妆棉蘸取该眼膜，轻轻擦拭眼皮及眼睛周围，15分钟后用温水洗净。

蜂蜜蛋黄眼膜

美肤功效

此款眼膜具有滋养、保湿、除皱、细肤的功效。

材料

蛋黄1个，蜂蜜10毫升，橄榄油半勺。

做法

蛋黄加入适量蜂蜜调匀，再加两滴橄榄油搅拌均匀即可。

使用方法

用化妆棉蘸取 该眼膜涂于眼部，20分钟后温水冲洗，再用凉水拍洗即可。

黄瓜眼膜

美肤功效

此款眼膜能有效滋润眼周肌肤，减少细纹的产生，并淡化黑眼圈。

材料

黄瓜半根，鸡蛋1个，白醋2滴。

做法

将鸡蛋去壳后，分离出蛋清，把黄瓜榨汁后加入白醋与蛋清拌匀。

使用方法

将眼膜涂于眼部，20分钟后用温水擦去，再用凉水拍洗，每周可做1～2次。

拯救红唇，与唇纹划清界限

肌肤全方位除皱计划，自然也包括唇部。完美双唇的最大肌肤敌人就是唇纹。

什么是唇纹

唇纹是在上下唇部形成的纹路，它不同于皱纹，没有年龄限制，假如经常咬唇、舔唇、吸烟、吃刺激性食物，甚至说话时表情过分夸张，都会令唇纹出现。此外，唇部长期处于缺水干燥的状态，也会造成唇部纹路。

快速去除唇纹妙招

〔**涂蜂蜜**〕蘸取适量蜂蜜涂抹于嘴唇上，20分钟后，清洗干净，可淡化唇纹。

〔**抹橄榄油**〕把少量橄榄油均匀涂抹于唇部，可滋润双唇，预防唇纹。

唇部按摩法

01 用大拇指和食指的指腹捏住上下唇，慢慢往两边横向按摩10下。

02 用中指指腹按着唇部中央的位置，再由中央往嘴角方向按摩，上下唇重复8次。

高效唇膜DIY

山药肉桂唇膜

● 美肤功效

可以活化细胞、促进血液循环，让双唇更显红润有光泽。

● 材料

新鲜山药30克，肉桂粉5克。

● 做法

新鲜山药洗净后削皮，倒入搅拌机中搅成泥状，加入适量肉桂粉调成糊。

● 使用方法

彻底清洁唇部后，用棉棒均匀涂抹在嘴唇上，约15分钟清洗干净即可。

柠檬酸奶唇膜

● 美肤功效

有效去除唇部角质，令干燥起皮的嘴唇恢复鲜嫩光泽。

● 材料

酸奶1勺，新鲜柠檬汁2～3滴。

● 做法

将酸奶混合柠檬汁后，搅拌均匀，放入冰箱冰镇后取出即可。

● 使用方法

清洁唇部后，用棉棒均匀涂抹在嘴唇上，15分钟后用温水清洗干净即可。

颈部，保养护理须知

日常护理中我们常常忽略颈部，就容易留下岁月的痕迹——颈纹。

产生颈纹的原因

要小心翼翼，像呵护面部一样关爱你的颈部。颈部肌肤比面部肌肤更薄，几乎跟眼部肌肤一样脆弱，再加上平时疏于保养呵护，就会使颈部一直处于干燥的状态下，因此很容易就产生皱纹了。此外，长期伏案工作、睡觉时枕头较高、喜欢抽烟喝酒也会导致颈部纹路加深。

颈部护理须知

据说，一条皱纹代表年近30，每多一条就增加10岁，因此颈部护理刻不容缓。首先清洁颈部是必不可少的，用洗面奶轻轻洗走颈部的脏物；然后抹上合适的面霜，帮助滋润干涸的颈部肌肤，减少纹路生成。

高效颈膜DIY

珍珠粉牛奶颈膜

美肤功效

此款颈膜不但能有效滋润颈部，更有美白颈部的功效。

材料

珍珠粉3克，面粉10克，牛奶15克。

做法

将珍珠粉、面粉搅匀，然后加入牛奶搅成糊状即可。

使用方法

清洁颈部后，涂上此颈膜，用保鲜膜包裹住，并在外面敷一条热毛巾，待20分钟后洗净。

橄榄油土豆颈膜

美肤功效

此款颈膜能给颈部补水保湿，滋润效果也不错，能够预防颈部皱纹。

材料

土豆1个，橄榄油15克。

做法

将土豆捣碎，然后加入橄榄油搅成糊状即可。

使用方法

将温热颈膜涂抹在颈部，冷却后洗净。

颈部按摩

Step1:
清洁颈部后，涂上适量颈霜，采用向上提拉的手法，从下往上交替提拉至耳际，直到颈霜被完全吸收。

Step2:
双手微微弯曲，利用手背处的关节由下至上做揉推按摩，加快颈部血液循环。

Step3:
双手手指按摩腮下淋巴组织，起到促进排毒的效果。全套动作重复10次。

中医去皱按摩法

按摩是帮助皮肤舒展、去除皱纹的好方法。在日常生活中辅以中医按摩法可以增强皮肤血液循环，使皮肤恢复弹性紧绷，从而延缓皱纹形成。

摩面法

美肤功效

使肌肤恢复弹性与润泽，让脸部皱纹松开，肌肤变得平坦。

Step1:
两手摩擦发热，然后五指并拢，贴合在脸部额头处，往下平抹直到下巴。

Step2:
手掌从下颌侧面往上平抹至额头。

Step3:
再从上往下、从下往上各重复练习20～40次。

注｜意｜事｜项　Notes!

力度要均匀，手法要轻柔，事先擦一点按摩霜，效果更好。

叩面法

美肤功效

促进脸部血液循环和神经健康，使肌肤光泽红润，减少皱纹的产生。

Step1:
两手手指微弯曲呈散开状，在两颊部位，从左往右，按蛇形排列的方式轻叩皮肤。

Step2:
手指依然维持叩击状，依然从额头起从上往下，轻轻地叩击面部皮肤。

Step3:
从左往右、从上往下各做3遍，效果更好。

抗皱饮食大揭秘

对抗皱纹，除了面部肌肤保养外，日常的饮食配合也很重要。据科学家证实，在饮食中加入微量元素和胶原蛋白是预防皱纹、恢复肌肤活力的好办法之一。

微量元素

微量元素指的就是人体内含量较少的钙、锰、钾、钠、铁等矿物质元素。微量元素虽然在人体内含量不多，但与人的健康与美丽息息相关。它们如果被摄入过量、不足、不平衡或缺乏都会不同程度地引发疾病，导致早衰，影响美丽大计。

微量元素中的锌、硒、铜、锰等营养物质能有效延缓肌肤衰老。如锌可以增强机体清除自由基的能力，推迟其衰老过程，所以平时不妨多吃一些鱼、虾、动物内脏等含锌量高的食物；锰能辅助肌体抗氧化，防止细胞损伤，对细胞起着保护作用，想保持青春的MM，可以摄取一些含锰量高的植物性食物如豆类、坚果、茶叶等；铜能让肌肤保持弹性和健康，所以多吃点虾蟹、玉米、豆制品等含铜较高的食物，也能有效对抗皱纹。

胶原蛋白

胶原蛋白是一种蛋白质，是维持皮肤与组织器官形态、结构的主要成分，也是修复各损伤组织的重要原料物质，它可以维持皮肤的水分和弹性。但到了一定年龄后，肌体自身生成的胶原蛋白就会赶不上流失的量，皮肤继而出现暗沉、缺乏光泽之感，慢慢就会失去弹性产生皱纹。所以，适时补充胶原蛋白，对抵抗皱纹、延缓衰老很重要。

不可不知的抗皱秘密

01 多吃富含胶原蛋白的食物，如猪皮、猪蹄、牛筋、鸡皮、鱼皮等，以及多喝骨头汤都是有效补充胶原蛋白的方式。

02 口服胶原蛋白饮料，目前市面上有许多补充胶原蛋白的饮料，都可以直接被身体吸收，让肌肤保持活力与弹性。

03 使用含有胶原蛋白的护肤品。这是目前脸部除皱、抗衰老最直接的护肤方式，但选择时要注意必须是含有活性胶原蛋白成分才能到达真皮层，以帮助修护肌肤淡化皱纹。

女人抗皱蔬果**排行榜**		
1	桑葚	黑色水果的抗皱防衰老效果尤佳，而桑葚含有丰富的维生素、氨基酸和胡萝卜素，抗氧化能力非常强
2	橙子	橙瓣中营养丰富，多食有助于增加皮肤的弹性，减少皱纹的产生
3	红枣	都知道红枣是女人的圣品，它不仅可以双倍滋润肌肤，而且抗氧化能力较强，适宜每天食用，但不宜食用过多，会上火
4	番茄	所含的番茄红素，能有效抗氧化，发挥抵抗皱纹的作用
5	紫甘蓝	含有丰富的B族维生素、维生素C、维生素E，常吃不仅仅能抵抗皱纹，还可以预防癌症
6	胡萝卜	富含的β胡萝卜素，能够有效延缓皱纹的产生
7	红薯	含有胡萝卜素和丰富的维生素A、维生素C、维生素E，是营养比较均衡的抗皱防衰老食物
8	莴苣	含有丰富的铁质，对肌体造血有帮助，能防止皱纹

Chapter 08 美肤新主张——防晒修护

Case 01 紫外线，健康肌肤头号杀手

认识紫外线

紫外线属于太阳光线的一种，它对人体最有影响、最为有害。如果肌肤长期暴露在阳光里，不做任何防晒措施，紫外线就会侵入到肌肤真皮层，加快肌肤的老化，引起肌肤变黑、产生色斑、缺水干燥、滋生皱纹等肌肤问题，严重者还有可能患皮肤癌。紫外线除了可以作用于肌肤，还会对中枢神经造成损害，出现头痛、头晕等症状。

紫外线的分类

根据紫外线波长的不同，可将紫外线分为：

长波紫外线(UVA)：可以直达肌肤真皮层，导致肌肤胶原蛋白损耗，引起松弛和皱纹。

中波紫外线(UVB)：会激活黑色素细胞，让肌肤变黑并诱发肌肤老化。

短波紫外线(UVC)：一般会被臭氧层吸收，不能到达地球表面。

Case 02 对抗紫外线，防晒装备一览

有效对抗紫外线，首要任务是做好防晒工作，有哪些防晒装备呢？

防晒霜

防晒霜能将紫外线与肌肤隔离开来，并且能预防黑色素的产生，是让肌肤晒不黑、晒不伤、晒不干的最为理想的肌肤防晒护理品。

太阳镜

太阳镜是眼部最好的防晒装备，选购时最好选择能抵抗强光的茶色、灰黑色、墨绿色镜片，这样既能保护眼睛又有防晒效果。

遮阳帽

如果阳光并没有强烈到需要打太阳伞出门，那么戴一个遮阳帽也是不错的选择，遮阳帽也能阻挡紫外线。

防晒霜选购窍门

根据质地选择

目前，市面上的防晒霜根据质地的不同，主要有防晒霜、防晒乳、防晒油、防晒喷雾等形式。油性肌肤应选择渗透力较强的乳状防晒品；干性肌肤应选择霜状防晒品；中性皮肤一般无严格规定，而防晒喷雾则适合各种肌肤补充使用。

根据防晒成分选择

防晒霜的成分可以分为物理防晒和化学防晒，物理防晒产品不需要吸收，就像为肌肤外表筑起一道墙，反射紫外线，达到防晒效果。不过涂抹这类产品往往会感到有些油腻，所以不大适合油性肌肤使用。

化学防晒产品则是让防晒成分进入肌肤后，再将紫外线过滤吸收。所以一般要在涂抹20分钟后才能发挥作用。化学防晒剂质感清爽，但有些成分易引起肌肤过敏，所以不大适合敏感肌肤使用。

辨别认清防晒系数

选购防晒霜时，认清防晒系数也很重要。防晒霜上往往都会写有SPF15、SPF20、PA++、PA+++，该如何选择呢？

〔SPF〕是Sun Protection Factor的英文缩写，具体指防晒产品所能发挥的防晒效能的高低，它是根据皮肤的最低红斑剂量来确定的。

通常来讲，假设紫外线的强度不变，一个没有任何防晒措施的人如果待在阳光下20分钟后皮肤会变红，而当她采用SPF15的防晒品时，表示可延长15倍的时间，也就是在300分钟后皮肤才会被晒红。

因此挑选SPF的数值时，最好根据阳光强烈以及户外时间来确定。

〔PA〕是日本化妆品工业联合会公布的“UVA防止效果测定法标准”，以“+”的数目区分等级。

其中一个“+”表示可以延缓肌肤晒黑时间2～4倍，PA+++则表示可延缓8倍以上。所以选择PA时也要根据光照强烈以及肌肤易被晒黑的时间来确定。

正确涂抹防晒霜

涂抹防晒霜的手法也很重要，不同部位涂抹时要分别注意。

脸部涂抹

01 在涂完面霜后，把防晒霜分别点在额头、脸颊、下巴、鼻梁等部位。

02 用中指和食指指腹由内往外打横涂开，鼻子要向下往外抹开，然后将防晒霜抹匀。

03 在额头、鼻梁、颧骨等接触阳光较多的位置可以适当增加用量，再涂抹一遍。

04 不要忽略锁骨处、后脖颈、耳背等部位，这些地方也要一一涂抹到。

四肢涂抹

01 将防晒霜容器口直接接触肌肤，以线条状挤在胳膊或双腿部。

02 用整个手掌包裹住肌肤，以由下往上的方式涂抹，直到完全均匀不泛白即可。

晒后紧急修护：轻微晒伤篇

肌肤晒后，需要进行修护型护理，否则容易出现各种肌肤问题。对于轻微晒伤型，要根据症状一一处理。

症状：肌肤微微发烫

这是肌肤对紫外线的初级反应，平时可随身携带一瓶补水喷雾，每当肌肤因晒后发热，就用喷雾来冷却脸部，为肌肤补充水分。喷时不要离得太近，至少要一臂的距离，最后未吸收的多余水分要用纸巾吸干；也可以用冰水清洗面部，消除热度，镇静肌肤。

症状：肌肤发红，肤色变暗

发红表示肌肤对紫外线已经有了不适感，是肌肤晒伤的前兆。最好在清洁面部后，做一个保湿面膜，使被刺激的皮肤镇定下来。然后开始使用美白面膜和一些修护类的精华，有利于皮肤的恢复，击退黑色素的产生。

晒后紧急修护：严重晒伤篇

罗优拉芝加哥大学医学院临床副教授布莱恩·史卡兹医生说："晒伤是一种皮肤伤害，而且是有累积性的。"重复过度暴露阳光下会侵蚀皮肤弹性纤维，形成皱纹，使肌肤进入提前老化的状态。如果肌肤被严重晒伤，则更要小心翼翼呵护备至，避免进一步恶化。

症状：出现刺痛感，明显感觉紧绷

肌肤感觉到疼痛，表明肌肤已经十分敏感了，而且肌肤的皮脂膜也受到了一定程度的损伤，稍不注意，还会引发其他肌肤敏感问题。

这时，不能随便使用护肤产品，高机能性的精华最好也不要使用，应把基础护理降为最简单的，只要求基本的清洁、补水、保湿，最后加上防晒霜就可以了。并且近期最好不要使用化妆品，以免再刺激到肌肤。随后可以用一款晒后修护产品，这些产品往往成分很单纯，能够帮助镇定晒后肌肤的自我修护。另外有一些专门针对晒后修护的面膜，不妨一试。

症状：肌肤脱皮，有水疱出现

肌肤晒干裂脱皮，并出现水疱，这是非常严重的晒伤表现，如不好好修护，肌肤恢复期将变得很长，肤质也有可能恶化。

这时，除了要短时间避免强光照射，还需要多做一些矿泉水面膜，并且在敷的过程中，要不断喷水，保持湿润，增加肌肤的水润感，最好早晚敷面一次，每次敷15～20分钟，这样有利于肌肤修护。白天出门时，最好选择质地稍厚、滋润性较强的防晒霜。晚间还可以涂抹一些baby油，帮助滋润受损的肌肤。

晒后高效修护面膜DIY

芦荟菊花修护面膜

美肤功效

此面膜可以消炎镇静，对修复晒后肌肤有很好的功效。

材料

芦荟1片、甘菊花10克、维生素E1粒、凝胶、薄荷油适量。

做法

芦荟洗净，去皮，取凝胶和甘菊花以3∶1的比例用水加热；待甘菊花成散状，关火冷却，然后过滤掉汤汁中的固体物质，加入维生素E油液和薄荷油搅拌均匀即可。

使用方法

洁面后，直接涂抹于脸部，约20分钟后洗去。

胡萝卜土豆修护面膜

美肤功效

此面膜富含充足的维生素A和B族维生素，能帮助改善晒后肌肤的干燥与粗糙。

● **材料**

胡萝卜半根，土豆适量。

● **做法**

将胡萝卜和土豆洗净后去皮，切成小块放入搅拌机内捣成泥状。

● **使用方法**

洁面后直接敷于面部，约20分钟后清洗干净。

西瓜蜂蜜修护面膜

● **美肤功效**

此面膜能对晒后肌肤进行补水降温，起到镇定修护的功效。

● **材料**

西瓜、蜂蜜各适量。

● **做法**

将西瓜皮汁与蜂蜜混合拌匀后，制成面膜待用。

● **使用方法**

洁面后，直接涂抹于脸部，约20分钟后洗去。

杏仁黄桃修护面膜

● **美肤功效**

此面膜有助于缓解肌肤灼伤情况，帮助肌肤尽快恢复。

● **材料**

杏仁粉5克，黄桃1个。

● **做法**

把黄桃在清水中洗净，去皮、核，切成小块后，放入搅打机中，将其搅成糊状，然后加入杏仁粉，充分搅拌均匀即可。

● **使用方法**

洁面后，直接敷于面部，约30分钟后洗去，经常使用效果更佳。

草莓柠檬修护面膜

● **美肤功效**

此面膜能滋润晒后干燥缺水的肌肤，使肌肤快速恢复正常状态。

● **材料**

草莓2颗，柠檬2片，面粉适量。

● **做法**

将草莓在清水中洗净，切成小片，放入搅打机中，将其搅成糊状，然后，榨出柠檬汁加入进来，最后，加入面粉混合拌匀即可。

● **使用方法**

清洁面部后，避开眼周、嘴角等敏感部位，均匀涂抹于脸部，约20分钟后洗去。

警惕 四大防晒误区

误区一：防晒系数越高对皮肤越好

防晒系数越高添加的防晒剂也就越多，对肌肤的刺激也就越大。因此，一般情况下，选择SPF15、PA+的产品就行。如果参加户外运动，宜选择SPF25～SPF30、PA++的产品。要进行水上运动，则建议选择防水的防晒品。

误区二：涂上防晒霜就出门

防晒霜渗透真皮层后才能发挥长时间的保护效果，因此必须出门前30分钟就先擦拭完毕，只有这样才能达到最佳防晒功效。另外，如果你吃了一些香菜、芹菜、菠菜等感光食物后出门，防晒效果会不那么明显。

误区三：擦一次防晒霜就足够

防晒品在涂抹的数小时之后，由于流汗等原因，其防晒效果会慢慢减弱，所以这时应及时补涂，以保证防晒效果的延续。

误区四：偶尔忘擦防晒霜应该没问题

日晒是可以累积的，它会导致黑色素在肌肤内部慢慢生长。短期没什么表现，但时间一长就会造成肌肤问题，如色斑、皱纹、松弛等现象。所以防晒霜，是绝不可以省略的护肤步骤。

女人防晒蔬果排行榜

1	胡萝卜	被誉为“皮肤食品”，能润泽肌肤，防止肌肤被晒黑
2	番茄	是最好的防晒水果，每天一个番茄能将晒伤的系数减低40%
3	黄瓜	富含果酸，能消除晒伤和雀斑，还能缓解皮肤过敏
4	芦笋	富含硒，能抗衰老和防治各种与脂肪过度氧化有关的疾病，使皮肤白嫩
5	柠檬	含有丰富的维生素C，能促进肌肤新陈代谢，提高防晒抗氧化能力
6	西瓜	含瓜氨酸、丙氨酸、谷氨酸、精氨酸、苹果酸、磷酸等多种具有皮肤生理活性的氨基酸，能够有效补充人体的水分，并且防晒、美白效果好
7	坚果	含有丰富的不饱和脂肪，能软化肌肤，防晒抗皱纹
8	茄子	对日晒后的脸部变红、微血管破裂的皮肤有镇静、消炎、缓和、滋润的作用，还能有效抑制因紫外线照射生成的黑色素

Chapter 09 轮廓美丽——紧致光滑

肌肤紧致修复法

肌肤衰老的表现除了皱纹，还包括肌肤松弛。对抗皱纹，女人们都有多种护肤品，那么对抗松弛呢？

毛孔松弛紧致法

毛孔松弛多半是因为肌肤开始缺乏弹性，导致毛孔之间张力减小。首要的护理任务是更加勤快地防晒，因为80%的肌肤老化都是由于紫外线引起的。同时，做好保湿，远离烟酒的刺激也是恢复细致毛孔的好方法。

毛孔松弛紧致法

肌肤松弛多半是因为肌肤的皮下脂肪流失过快，令肌肤失去了支持而松弛下垂。因此，补充胶原蛋白是恢复紧致肌肤的关键。同时，应尽量挑选富含维生素C的保养品，因为其良好的抗氧化功效，能够预防毛孔进一步松弛；在饮食中补充维生素C，有助于合成胶原蛋白，改善肌肤松弛。

轮廓松弛紧致法

轮廓松弛一方面是因为肌肤的弹力纤维流失，另一方面与地心引力的作用也有关。不仅要使用有紧致功效的护肤品，增加肌肤弹力纤维生产能力，帮助肌肤变得紧致有弹性；还应加强轮廓按摩，对抗地心引力，恢复紧致轮廓。

提升面部按摩七法

按摩是最佳的紧肤方法，无论是在美容院，还是自己动手，掌握正确的按摩手法，能有效预防肌肤松弛，恢复肌肤弹性紧致。

01 按摩首先从额头开始。把面部按摩膏涂在手指的指腹上，从额头中间向两边推开，指腹稍微用力，使按摩膏被肌肤尽快吸收。

02 按摩额头上抬头纹，也叫“川”字纹，这是肌肤松弛的明显表现。所以这一块要重点按摩，手势走向和护肤一样，动作也是从额头往上。

03 按摩眉心中的部分，有的人爱皱眉头或笑起来耸鼻子，也会有小皱纹。按摩这块时，得先用一只手食指和中指撑开眉心，另一只手在中间上下移动。

04 眼部的按摩，下眼睑的眼袋部分是重点，因为这一块细小皱纹比较多，所以力度要轻柔一些，使用点按式按摩。

05 眼角纹，俗称鱼尾纹，是年轻还是衰老的标志。在这个部位的按摩要下工夫。先用一只手的食指和中指撑开鱼尾纹，然后另一只手的食指肚沿着皱纹走向来回轻压、揉搓。

06 接下来是脸颊的按摩，这里要多用些按摩膏，两手交替，由咀嚼肌开始向上向腮帮外延伸。

07 下巴部位皱纹不多，不过也要重点按摩，拉伸皮肤，促进血液循环，起到活血养颜的作用，预防双下巴。

高效紧肤面膜DIY

水芹菜焕肤紧致面膜

美肤功效

水芹菜能提供肌肤角质细胞所需的各种成分，促进角质细胞的新陈代谢，使肌肤变得细腻、富有弹性。这款面膜可改善肌肤松弛现象，使肌肤平滑紧绷。

材料

苹果半个，水芹菜30克，柠檬汁15毫升，青柠汁15毫升，红薯1/4个，青瓜半根，鸡蛋2个。

做法

将苹果去核留皮，切成碎末状；水芹菜洗净切碎；红薯洗净带皮切碎；青瓜洗净切碎；将鸡蛋打碎成糊状备用。把所有的材料倒入打汁机中榨成汁，搅拌均匀倒入碗中即可。

使用方法

清洁面部后，用面膜刷将面膜涂于脸上，避开眼、嘴唇四周，15分钟后用温水洗净，接着再用冷水洗面，有助于收缩毛孔。

核桃蜜乳焕颜面膜

美肤功效

用核桃仁做面膜可改善肌肤状况，使肌肤变得紧致洁白、滋润有光泽。

材料

核桃粉20克，鸡蛋1个，牛奶20毫升，蜂蜜15毫升，柠檬汁10毫升。

做法

将鸡蛋打入过滤勺内，将蛋清和蛋黄分开，取蛋清备用；将核桃粉放入蛋清中搅拌均匀；加入牛奶、蜂蜜和柠檬汁，继续搅拌均匀即可。

使用方法

晚上临睡前先清洗面部，然后把调好的面膜均匀地涂于脸上，避开眼及嘴唇四周。15～20分钟后，用清水洗净。

绿茶蛋白紧致面膜

美肤功效

此面膜可促进肌肤水分排出，消除脸部水肿，并具有紧致塑颜的功效。

材料

绿茶粉20克，佛手柑精油2滴，蛋清适量。

做法

将绿茶粉倒入蛋清中搅拌，然后再加入佛手柑精油拌匀即可。

使用方法

洁面后，将面膜均匀涂于面部，15分钟后，用冷水洗净便可。

牛奶蜂蜜鸡蛋紧致面膜

美肤功效

此面膜可促进肌肤新生细胞的生长，紧致滋润肌肤。

材料

鸡蛋1个，脱脂奶粉30克，蜂蜜适量。

做法

将鸡蛋打成蛋液，然后加入奶粉和适量的蜂蜜拌匀即可。

使用方法

洁面后，将面膜涂抹在脸部并按摩，30分钟后洗净便可。

乌龙茶海藻紧致面膜

美肤功效

此面膜具有抗氧化功能，能促进面部血液循环和紧致脸部肌肤。

材料

乌龙茶20克，海藻粉5克，纸面膜1个，水适量。

做法

将乌龙茶和海藻粉倒入锅中用水加热，待海藻粉溶解后将茶叶过滤即可。

使用方法

洁面后，把纸面膜放到汤汁里浸透再敷于面部，约20分钟后揭去洗净便可。

告别松弛小细节

告别肌肤松弛，恢复弹性紧致肌肤，并不是单纯靠护肤品即可完成的保养程序。在日常生活中，注意保养细节，一样能有效收敛紧肤。

适度面部运动

如同上健身房锻炼可以使身体肌肉结实一样，适度的面部运动，也能增强面部血液循环，恢复肌肉弹性。

因此，经常咀嚼口香糖、做鬼脸都有助于预防面部肌肉松弛。

提拉紧致

洗脸也是紧实肌肤的好时机，按照从下往上的顺序，双手轻轻向上提拉，能有效预防肌肤松弛。

此外，晚间护肤时配合按摩膏使用，能起到更好的紧肤效果。

丝枕卧眠

睡觉也是美容的好方法，选用丝枕头，能避免常见的枕头挤压面部肌肤，预防肌肤松弛。此外，睡觉时也不宜长期侧卧一个方向，最好轮流换方向，避免一侧肌肤过早老化。

紧致肌肤吃什么

民以食为天，每天的饮食也对肌肤保养有着至关重要的作用。要想对抗衰老、预防皮肤松弛，吃什么、怎么吃很重要。

多吃鱼肉

要想拥有年轻、紧绷的皮肤，没什么比吃鱼肉更有效了。鱼肉中含有一种神奇的化学物质，这种物质能作用于表皮下的肌肉，使肌肉更加紧致，表皮也就自然紧绷而富有弹性了。

专家认为，只要每天吃100～200克的鱼肉，一星期之内你就可以感受到面部、颈部肌肉的明显改善，长期吃鱼肉的人会明显年轻于同龄人。

多吃胶原蛋白

胶原蛋白负责为皮肤提供弹性和紧致度，因此，补充胶原蛋白，是避免肌肤松弛老化的有效办法。日常饮食中如肉皮、猪蹄、牛蹄筋、鸡翅、鸡皮、鱼皮及软骨中都含有丰富的胶原蛋白。

正确饮食习惯

养成正确的饮食习惯，也能避免肌肤松弛老化。在日常生活中，应尽量避免油炸、辛辣、刺激的食物。油炸食物不仅易胖，且内含的氧化物会加速肌肤的老化。

紧肤精油配方一览表

精油一直是护肤的好帮手，不同的精油配方，常常带来意想不到的美肤效果。不同的精油可互相组合，调配出自己喜欢的香味，不会破坏精油的特质，反而使精油的功能更强大。对于紧致肌肤而言，可以尝试下面的配方。

紧致肌肤

玫瑰精油2滴＋肉桂精油1滴＋橄榄油10毫升。

乳香精油1滴＋肉桂精油1滴＋玫瑰精油1滴＋橄榄油10毫升。

乳香精油5滴＋天竺葵精油3滴＋甜橙精油3滴＋玫瑰精油2滴＋玫瑰果油25毫升。

茴香精油4滴＋乳香精油4滴＋薰衣草精油3滴＋橙花精油2滴＋玫瑰果油25毫升。

玫瑰精油2滴＋檀香精油1滴＋天竺葵精油1滴＋依兰精油1滴＋荷荷芭油7毫升＋玫瑰果油3毫升。

玫瑰精油2滴＋檀香精油1滴＋乳香精油1滴＋橙花精油1滴＋荷荷芭油5毫升＋芦荟油5毫升。

玫瑰精油2滴＋迷迭香精油2滴＋洋甘菊精油1滴＋薰衣草精油1滴＋葡萄子油10毫升。

玫瑰精油2滴＋迷迭香精油1滴＋洋甘菊精油2滴＋薰衣草精油1滴＋葡萄子油10毫升。

收敛毛孔

丝柏精油2滴＋天竺葵精油2滴＋依兰精油1滴＋荷荷芭油10毫升。

佛手柑精油1滴＋天竺葵精油1滴＋玫瑰精油1滴＋荷荷芭油10毫升。

柠檬香茅精油2滴＋丝柏精油3滴＋薰衣草精油5滴＋葡萄子油5毫升。

天竺葵3滴＋柠檬1滴＋薄荷1滴。

淡化细纹

乳香1滴＋玫瑰3滴＋依兰1滴＋小麦胚芽油10毫升。

檀香2滴＋玫瑰2滴＋葡萄子油10毫升。

天竺葵3滴＋柠檬1滴＋薄荷1滴。

瘦脸提升

迷迭香2滴＋杜松1滴＋胡萝卜子油1滴＋橙花1滴＋葡萄子油7毫升＋月见草油3毫升。

穴位按摩 重塑紧致肌肤

爱美的女性，肌肤的紧致护理无疑是必做的美肤课。除了使用有针对性的紧肤产品，中医按摩也是恢复紧致妙法之一。

中医按摩可以预防肌肤松弛，而选择按摩特定的穴位，更能起到事半功倍的效果。每天起床后或睡觉前半小时，点按脸部的4个紧致穴位，每次按摩2～3分钟，不仅能达到紧致肌肤的效果，还能预防神经衰弱，提高智力和记忆力。

攒竹穴位于眉头下方凹陷之处。按摩攒竹穴可以缓解精神疲劳和眼部水肿。

承泣穴位于眼球正下方，约在眼廓骨附近。按摩承泣穴能防止眼袋松弛。

颊车穴位于脸部下颚轮廓向上的凹陷处。按摩可以有效消除脸部水肿和肌肤松弛。

承浆穴位于下唇与下颚的正中间凹陷处。按摩可控制激素分泌，预防脸部松弛。

汉方紧肤 有妙招

汉方美容，就是将传统中医记载中的各种具有美容功效的中草药运用于皮肤护理上。汉方美护品选的都是具有美颜功效的珍贵植物，强调由内而外，从根本上呵护，修复细胞，还原肌肤最初的健康本质。汉方美容在美容护肤中加入中药材或草本植物元素，传承多年，一直为爱美女士津津乐道。如武则天、慈禧太后的保养秘方，更是现代女性的美肤范本。

桃红护肤液

桃花是最好的养颜妙品，内含丰富的山柰酚和香豆精。将新开的花朵浸入白醋中或低度的纯粮酒内，静置片刻，待液体颜色变成微红后即可。使用时，可以在洗脸后，取少许甘油与之相糅擦脸。坚持使用，让肌肤远离松弛与细纹，如桃花般红润细腻。

蛋清朱砂面膜

蛋清有很好的紧肤效果，慈禧太后也深谙此道，发明了蛋清加朱砂做成的面膜。用鸡蛋一枚，磕一小孔留清去黄。在蛋内装入朱砂细末，然后用蜡将小孔封住。随同其他待孵的鸡蛋一起放到鸡窝里，让母鸡孵化。等小鸡孵出壳时，将朱砂蛋取出。磕皮取药涂于面上，可使面容白里透红、光滑润泽。

肌肤紧实度自我测试

01 体重没有变化，但是别人说你看起来瘦了。

02 即使涂抹再多护肤品，还是感觉肌肤疲惫，看起来憔悴。

03 额头有横纹，鼻唇沟加深。

04 鼻翼两侧的毛孔变大，可以明显看到呈椭圆形状。

05 下颚角的弧线不明显或者脖子和下颌界限不明显。

06 脸颊侧面的凹陷加深，颧骨更突出，即使不笑，嘴角的法令纹也很明显。

07 眼袋突起，黑眼圈就会更加明显了。

08 开始出现双下巴，用手捏住下巴下方，可以轻松捏住松弛的皮肤。

09 颈部出现一道一道的横纹。

答“是”得1分，答“否”为0分。

0～3分：

说明你的皮肤已经开始有最初的松弛衰老征兆了。

4～6分：

说明皮肤的松弛迹象已经很明显了，需要立刻采取措施。

6分以上：

表示你的皮肤松弛比较严重，需要开始长期使用紧颜保养品改善肌肤状况。

百变造型，离不开的创意彩妆秀

Chapter 01 妆前保养，让你更水嫩

隐形衣第一课：认识肌肤类型

做好肌肤保养工作，首要是认识自己的肌肤类型，这样才能做到知己知彼，百战不殆。

中性肤质

中性皮肤皮脂分泌量适中，皮肤毛孔小，既不干也不油，红润有弹性，是健康理想的皮肤。

干性肤质

干性肤质较白皙，毛孔细小不明显，皮脂分泌量少，比较干燥，容易产生小皱纹，对外界刺激比较敏感。

油性肤质

油性皮肤肤色较深，毛孔粗大，皮脂分泌量大，容易产生粉刺、痤疮，但是不易起皱纹，对外界刺激不敏感。

混合性皮肤质

混合性皮肤兼有油性皮肤和干性皮肤的特征，一般面部T形区（前额、鼻、口周、下巴）呈油性状态，眼部及两颊呈干性状态。

敏感性皮肤质

这种皮肤皮质层较薄，对外界刺激很敏感。当受到外界刺激时，会出现局部微红、红肿，甚至出现高于皮肤的疱、块及刺痒等症状，所以这类皮肤需要进行特别护理。

准确测试你的肌肤类型

触摸测试

早上起床，用手指触摸你的肌肤可以进行测试。

干性皮肤摸起来比较干涩、不平整，缺少水嫩的质感。油性皮肤摸起来会有油腻、黏手的感觉。混合性皮肤摸起来两颊有粗糙感，额头、鼻梁、下巴部位有油腻感。

洁面测试法

洁面后用毛巾擦干脸，不擦任何护肤品，以皮肤紧绷感的持续时间来测定肤质。

干性皮肤洁面后紧绷感大约40分钟后消失。中性皮肤洁面后紧绷感大约30分钟后消失。油性皮肤洁面后紧绷感大约20分钟后消失。

放大镜观察法

洗净面部，待皮肤紧绷感消失后，用放大镜仔细观察皮肤纹理及毛孔状况（防止放大镜折光损伤眼睛）。

中性皮肤一般会像格子布一样呈现出有规律的格状纹。

干性皮肤则像干草堆一样呈现出纵横交错的树皮状纹。

油性皮肤如天空中的星星一样，会呈现出十字交叉的粗大毛孔。

混合性皮肤不但可以看到树皮纹，还能看到十字交叉的粗大毛孔。

火眼金睛挑对洁面产品

常见的洁面护肤品有很多，如洁面皂、洁面泡沫、洁面乳等。不同的肤质需求不同，选对产品很重要。

洁面皂

现在的洁面皂早已摘下“碱性大”、“伤皮肤”的帽子，拥有绝佳的清洁力，且洗完脸后不会紧绷干涩，非常方便，尤其适合混合型肌肤和油性肌肤使用。

洁面泡沫

最常见的洁面品之一，呈乳状或摩丝状，加水后可以揉出丰富的泡沫。特点是清洁力强，洁面后感觉很清爽，比较适合油性肌肤使用。

洁面乳

洁面乳呈乳液或者乳霜状，没有泡沫。但是它的优点是非常温和，洗完后感觉比较滋润，特别适合敏感性、干性肌肤或冬季使用。

Case 04 学会正确的洗脸方式

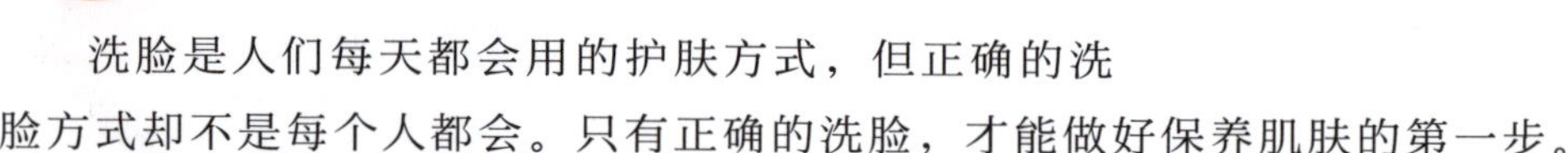

洗脸是人们每天都会用的护肤方式，但正确的洗脸方式却不是每个人都会。只有正确的洗脸，才能做好保养肌肤的第一步。

正确的洗脸手法

洗脸掌握正确的手法，可以减少皮肤松弛及细纹，洗得更干净。具体手法如下：

Step1:

将洗面奶搓出泡沫后，用双手中指和无名指蘸取泡沫，从下巴开始，慢慢由里向外打圈。

Step2:

手指从脸颊部位开始，由里向外再向上地按摩打圈，有助于打开毛孔彻底清洁，而且不会令肌肉松弛。

Step3:

手指从嘴巴部位开始，由里向外按摩打圈，直到上嘴唇，可以减轻表情纹路。

Step4:

手指从额头中间部位开始，慢慢向两边按摩打圈，直到太阳穴。

Step5:

手指从鼻子两侧由上向下轻轻按摩打圈，去除鼻翼两侧的脏物。

洗脸注意事项

01 洗脸的时间不是越长越好，也不是次数越多越好。一天洗两次，1～3分钟即可。

02 洗脸应先洗手，避免洗面奶被脏手污染。

03 每次冲洗的时间约为洗脸时间的三倍，才能彻底清洁洗面奶。洗脸后，还应该对着镜子检查一下，看发际线周围有没有未冲洗干净的泡沫。

清洁无残留，卸妆是关键

学习化妆必不可少的一步就是学会如何卸妆。只有将脸上的化学残留物一一卸掉，才能避免化妆给肌肤造成的伤害。

卸妆的正确顺序

一般来说，卸妆要严格按照顺序来进行，否则会造成二次污染。一般应该按照局部卸妆→整体卸妆→洗脸三个顺序进行。即首先卸掉眼部和唇部的彩妆，然后卸整个脸部的妆。

眼部卸妆

Step1:
将卸妆水倒在已经准备好的化妆棉上。

Step2:
将倒有卸妆产品的化妆棉敷在双眼周围。

Step3:
等卸妆产品溶化眼部妆容后，开始往内擦拭即可。

唇部卸妆

Step1:
用面纸按压唇部，吸掉唇膏、唇蜜里的油分。

Step2:
将唇部专用卸妆产品倒在化妆棉上，微笑使唇纹舒展，将化妆棉敷在双唇。

Step3:
等卸妆产品溶化唇部妆容后，由嘴角开始往内擦拭。

脸部卸妆

01 将面部卸妆产品倒在清洁后的双手上，轻柔地按摩全脸。

02 由上向下、由内向外，按照额头—鼻子—下巴—脸颊—颈部的顺序，用指腹轻轻打圈按摩，再用化妆棉由内侧向外侧小心擦拭。

03 将洁面产品充分打出泡沫，再清洗脸部残留物，最后用清水彻底洗净。

Case 06 只选适合自己的卸妆产品

完美的卸妆自然少不了卸妆产品的帮忙，面对市面上诸多的卸妆产品，挑选时一定要看仔细。

卸妆油：以油溶油

卸妆油是一种添加了乳化剂的油脂，能“以油溶油”，与脸部的化妆品融为一体，然后通过清水冲洗带走污垢。这是一种比较常见的卸妆产品，适合任何肤质。

卸妆乳、霜：去污润肤

卸妆霜的质地相对较厚，卸妆乳则有点润“妆”细无声的感觉。这类卸妆产品不会过度带走肌肤原有的油脂，同时又能给肌肤补充适度的滋润。一般用来清除比较简单的妆容，比较适合干性肌肤。

卸妆水：含水量多

卸妆水是通过产品中的非水溶性成分与皮肤上的污垢结合，达到快速卸妆的目的。相比其他产品，卸妆水中的大多数水分还可以保证肌肤的含水量，令肌肤清爽水嫩。非常适合敏感性肌肤、油性肌肤。

深层清洁，爱上去角质

角质指的是肌肤表皮最外层形成的污垢，也就是俗称的死皮。只有定期去除角质，才能保证肌肤的通透性，使之吸收护肤品提供的营养。而去角质的方法，主要有物理颗粒磨砂类和化学溶解类两种。

物理颗粒磨砂

物理方法主要是利用去角质产品，如磨砂膏、磨砂洗面奶、去角质凝胶中的磨砂颗粒，结合按摩手法，将皮肤表层的死皮“磨”下来。物理法立竿见影，迅速让你重获光滑细腻的皮肤，但是磨砂颗粒较粗硬，使用时要特别注意手指的力度。另外，干性、敏感性、痘痘肌肤不建议使用颗粒磨砂类产品，以免由于使用次数过多，或者下手过重对皮肤带来无谓的伤害。

化学溶解

化学方法主要是通过将比较温和、安全的成分（如水杨酸、天然酶等）添加在洗面奶、化妆水、乳液、啫喱、面膜等产品中，分解死皮成分，从而清理皮层，塑造光洁的皮肤。但一定要选择质量有保障的产品，只要使用方法得当，效果是十分出色的。

水晶肌的秘密：六步去角质

学会正确的去角质方法，才能彻底清除面部垃圾，让肌肤如同剥了壳的鸡蛋，呈现水晶质感。

去角质步骤

Step1:
用洗面奶将脸部清洁干净。

Step2:
在皮肤还有水分的时候将去角质产品抹在脸上轻揉，先由下巴开始，采用画圈的方式慢慢向外按摩。

Step3:
再从鼻头开始直线上下揉搓，清除囤积在鼻翼两边的黑头、粉刺，不可用力过大，以免对肌肤造成伤害。

Step4:
然后慢慢移至额头位置，打圈到额头两端。

Step5:
由内向外、由下向上顺着肌肤的纹路，轻揉两颊。

Step6:
用温水清洗脸部，然后将含有保湿或抗过敏的舒缓乳液抹在脸上，加强滋润，肌肤才不容易干燥敏感。

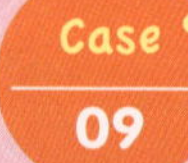

警惕：去角质禁区

不宜去角质人群

01 皮肤特别干燥或者已出现脱皮现象的人群。去角质可能会加重面部缺水，使脱皮现象更严重。

02 有发脓或发炎的痘痘肌肤不可以去角质，否则容易使伤口感染细菌。

03 敏感肌肤不宜去除角质，因为其角质层本来就很薄，去角质后皮肤会变得更加脆弱。

04 做过焕肤、微晶磨皮等美容手术之后的皮肤不要用去角质产品。如果皮肤有外伤、皲裂、痣、病变的地方，也最好不要去角质。

不宜去角质部位

眼睛周围的肌肤是全身肌肤中最薄的，这个部位只有独立的汗腺，没有皮脂，所以不宜去除角质。

去角质周期

〔**油性皮肤**〕由于角质增生速度快，可以一周去除1次。

〔**干性皮肤**〕皮肤干燥，角质代谢比较慢，可一个月去除角质1次。

〔**混合性皮肤**〕可以分区域地去除角质，出油多的T字带可1周1次；干燥的两颊1月1次。

〔**中性皮肤**〕根据部位、需要、触感而定。

飙升水润值，四季都要保湿

四季变迁，气候也跟着变换性情和模样，气候的转变，常常会让许多人的肌肤有些吃不消。但无论什么季节，水润保湿都应该成为肌肤保养中必不可少的部分。四季在变，肌肤保湿方式也要发生变化。

春季为何要保湿

〔**原因**〕春季多风、干燥，会让我们感到皮肤紧绷发干，所以保湿是必不可少的。

〔**对策**〕春天皮脂分泌旺盛，所以要选择油分低的补水性保湿护肤品。

夏季为何要保湿

〔**原因**〕在夏日高温与空调冷气双重影响下，水分流失的速度几乎是其他季节的2倍，肌肤处于极度缺水状态。

〔**对策**〕干渴的肌肤会为了平衡肌肤的缺水状况而分泌出更多的油脂，显得更油，所以选择控油保湿的护肤品是日常保养的首选。

秋季为何要保湿

〔**原因**〕秋天气候过于干燥，角质层容易出现缺水症状，皮肤会变得干燥，甚至因缺水出现皱纹。

〔**对策**〕每次洗脸后尽快拍上化妆水，选用一些含有透明质酸等保湿配方的乳液。

冬季为何要保湿

〔原因〕冬天不仅寒冷而且干燥，水分蒸发快，所以更需要保湿的滋润。

〔对策〕最好选择水溶性洁面品，并减少洗脸次数。润肤霜选择滋养成分高的，如含维生素E、纯植物制剂等对皮肤保湿都有帮助，并能舒缓肌肤。

因肤而异 挑选保湿秘方

不同的肤质，保湿的方法各有不同。要想肌肤持续水嫩，就得对症“补水”。

中性皮肤

中性皮肤最好选择跟肌肤pH值相近的补水保养品，每天护肤时喷适度的脸部矿泉水，晚上不要用太过滋润的晚霜，否则容易导致青春痘。

干性、敏感性皮肤

干性、敏感性皮肤洗完脸后应涂含有透明质酸和植物精华等保湿配方的乳液，在给皮肤补水的同时也要补充油分，应选用高度补水但不油腻的产品。

油性皮肤

油性皮肤需要彻底地清洁，然后再进行保湿护理。最好是选择质地清爽不含油脂，同时具有高度保湿效果的产品，如保湿矿泉水，控油乳液，保湿凝露等。另外，茶树油的产品可以去除肌肤表面多余的油脂，同时还具有抗菌、消炎的效果。

混合性皮肤

混合性皮肤要分区域给肌肤不同部位重点保湿。

干燥部位除了更多的补充保养外，可以适当选择营养成分较丰富的护肤品；而 T 区部位则可以继续使用清爽的护肤品。

防晒霜，垒砌肌肤保护屏

阳光是造成肌肤老化和皮肤表面斑点的主要原因，所以防晒是保养肌肤最关键的一步。

一年四季都需要防晒

不仅夏天紫外线强烈，我们需要防晒霜的保护，即使在温暖的春天和寒冷的冬天，防晒霜也必不可少。因为空气中的污染、辐射都会对肌肤造成损伤，涂抹防晒霜之后，如同在肌肤表面垒砌了一座保护屏，可以将污染与辐射统统隔离。

认识SPF

SPF是防晒系数（Sun protection Factor）的英文缩写，表明防晒品防紫外线的能力。20（分钟）×SPF指数＝防晒时间（分钟）。所以，可以根据SPF指数来挑选适合自己的防晒产品。一般来说，日常美白保养只要选用SPF值在8～15之间即可，除非是长时间户外运动才选用SPF值较高的产品。

认识PA

PA指的是对抗UVA的能力。紫外线对皮肤的伤害主要是UVA和UVB，SPF只能抵挡UVB，而UVA就需要靠PA来抵挡了。PA值分为三级，分别为PA+、PA++、PA+++，其中一个“+”表示可以延缓肌肤晒黑时间2～4倍，“+”越多，代表防晒能力越强。

拒绝“黑手”，选对防晒产品

彻底阻挡紫外线的伤害，就要注意防晒，不同肤质选用防晒产品也不同。

油性皮肤

油性皮肤渗透力较强的水剂型、无油配方的防晒霜，使用起来清爽不油腻，不堵塞毛孔。当痘痘特别严重，发炎或皮肤破损时，要暂停使用防晒霜，出门时候只能采用遮挡的物理方法防晒。

干性皮肤

干性肌肤一定要选用质地滋润，并添加了补水功效以及增强肌肤免疫力的防晒品，现在很多防晒品都增加了补水、抗氧化功效。

敏感性皮肤

敏感肌肤为了安全起见，最好选择专业针对敏感性肤质的护肤品牌的防晒品，有些防晒产品说明中明确写出“通过过敏性测试”、“不含香料、防腐剂”等，也应在自己的手腕内侧试用。

涂抹防晒霜四大细节

防晒要提前

化学防晒剂被皮肤吸收、转化需要一段时间，所以含化学防晒物质的防晒产品必须在出门前（包括下班前）20分钟使用，否则刚涂上就出门，等于皮肤未防护就暴露在紫外线下。

防晒不要揉

防晒霜正确的涂抹是取适量于指间或掌心，轻轻晕开后在需要防晒的部位拍开、拍匀即可。因为防晒霜分子很大，多揉、多按摩会把它挤进毛孔，那样抹起来像“搓泥”，也会堵塞毛孔，反而降低了防晒功效。

防晒不防水

有些防晒霜标明是防水型的，其实也只是“耐水”，所以在游泳和大汗、擦汗之后，还是应及时补防晒霜。

防晒要卸妆

做好防晒工作后，一定要注意每天晚上的卸妆工作。因为防晒剂本身是油溶性的，如果只用洗面奶洗脸，就如同“隔衣洗澡”，起不到彻底清洁肌肤的效果。

所以，先用卸妆油“以油溶油”，才能最有效、最温和地将肌肤表面及深层的脏污卸除干净，否则很容易堵塞毛孔、长痘痘。

Chapter 02

完美底妆，轻松巧白皙

晒晒化妆包：底妆必备单品

粉底

粉底用来调整肤色、掩盖瑕疵，使皮肤呈现自然而均匀的颜色。现在粉底的质量越来越好，不仅可以起到修饰作用，而且还具有保湿、控油或防晒等多重功效，能够轻易创造自然、光滑、晶莹的健康肤色。

饰底乳

饰底乳也叫肤色修正霜，在粉底前使用。要想底妆的整体光泽度、色泽度及质感度达到和谐统一，全靠饰底乳，它可以立刻调整肤色，提升肤质，让肌肤看上去不仅有光泽而且更饱满丰盈。

遮瑕膏

遮瑕膏可有效修饰、掩盖黑眼圈、色斑或色素沉淀等肌肤瑕疵。通过巧妙遮瑕，可以掩盖细小斑点或者痘痘，一般用于粉底之后。

散粉

散粉又叫蜜粉，专业名称是“定妆粉”，顾名思义，就是彩妆的最后一步，是底妆必不可少的法宝，用于基本妆容完成之后的定妆。散粉可以全面调整肤色，调整彩妆浓淡，帮助打造自然的妆容，并可防止脱妆。

晒晒化妆包：底妆必备工具

初学化妆，我们得准备一套化妆工具，对于新手来说，常用的底妆工具有化妆海绵和粉扑以及刷子。

化妆海绵

海绵是化妆时使用最为频繁的工具。当你使用液状化妆品涂抹鼻翼、嘴角、眼周以及发际处时，海绵是最好用的工具。

粉扑

当你给脸部打底色时，需要用粉扑来擦匀，让你的皮肤散发自然光泽。所以选择一块合适的粉扑也很重要。常见粉扑形状有圆形、三角形或方形等三种，角度越多越适合脸部细微处。

刷子

刷子用于底妆的刷子，看起来大而蓬松，这样可以将脸上的粉底刷得非常均匀，同时还可以用它定妆，刷去多余的散粉，使眼睛、面颊的色彩变得柔和协调。

粉底类型知多少

固态粉底

固态粉底的质地较为细腻，颜色均匀，同时体积小且手感更好，所以方便携带，比较适合油性肌肤使用。目前还有干、湿两用粉饼，将干的粉饼用湿海绵蘸取后变成湿粉，能营造出更加细致清爽的效果。

液体粉底

液体粉底的配方较轻柔，含水量最多，具有透明自然的效果。有些液体粉底还添加了植物保湿成分或维生素，具有很好的滋润效果。不过单独使用容易脱妆，遮瑕力不够好。

霜状粉底

霜状粉底属于油性配方，有光泽，有张力，能掩饰细干纹和斑点，在脸上形成保护性薄膜。这种粉底都含有滋润成分，特别适合中性、干性皮肤。

条状粉底

条状粉底含油脂量高，有很好的瑕疵遮盖效果，颜色均匀，美化毛孔，而且很方便使用，但是用量不可过多，以免底妆不自然。油性肌肤尽量少用，以防毛孔阻塞。

如何挑选粉底色

粉底的颜色深浅不一，如何挑选最适合的颜色呢?

与肤色接近

亚洲女性肤色偏黄，所以最好选择颜色偏黄的粉底，接近自己的肤色。尽量避免那些发红、发白的粉底，否则反而弄巧成拙，显得不自然。

上脸试用

挑选粉底时最好在下巴处试用一下，可以清晰地看见脸部及颈部的色差，还可以比较粉底颜色与原肤色之间的融合度。记住，不要在手背上试色，通常手背颜色与脸部颜色有偏差。此外，尽量选在白天去商店挑选粉底颜色，因为晚上的灯光会改变粉底的真实颜色。

根据肤色而改变

也许你已经习惯使用某一号色的粉底，当再次购买时，也需要重新试试。因为人的肤色不是永远不变的，季节、饮食都会影响到肤色，挑选时一定要根据肤色现状来决定。

轻薄粉底，底妆要“会呼吸”

完美底妆，要求粉底要薄，这样既能减少对肌肤的伤害，也能让底妆更自然，少了堆砌的痕迹。

控制粉底分量

使用时，要注意控制粉底的分量，最好先把要用的粉底量倒在手背上，再用手指或海绵蘸着使用。千万不要直接把粉底点在脸上，以免造成大量浪费。

加入护肤品成分

整个妆容完成后，最后就要做全面定妆，使底妆看起来均匀有通透感。油性肌肤可用散粉扑，蘸取少量散粉，在T区及爱出油部位轻轻按压一下，然后用大号散粉刷扫去多余的粉。干性肌肤则可选用大号化妆刷轻轻扫上一层即可。

神奇饰底乳，让毛孔隐形

毛孔、肤色暗沉绝对是完美妆容的头号杀手，不想用厚厚的粉底来遮盖，那就拿出秘密武器——饰底乳，来帮助你达成“伪妆”的效果。

白色饰底乳

白色饰底乳特别适合肌肤白皙的女孩，主要是增加肤色的透明度、白皙度。

黄色饰底乳

黄色饰底乳不仅可以中和肤色的暗沉感，还能修饰黑眼圈、小斑点等。

绿色饰底乳

绿色饰底乳适合两颊敏感泛红的MM，可修正肤色的红感，令肌肤白皙透明。

粉红色饰底乳

粉色饰底乳主要起修饰作用，增加肌肤红润度，特别适合肤色较白、没有血色的人。

紫色饰底乳

紫色饰底乳能够中和蜡黄、暗沉肤色的黄感，使肤色变得洁净透明，还可以帮助后续的底妆。

BB霜，快速底妆好帮手

BB霜集隔离、遮瑕、保湿、美白等多种功能于一身，能更快帮助修饰美肌，可谓是化妆界的新宠儿。

万能BB霜

BB霜可以遮盖粗大的毛孔、黑眼圈和痘痘等瑕疵；帮助修饰泛黄的肌肤，纠正肤色不均匀现象。此外，BB霜还适用于任何肌肤，即使敏感肌肤也可以选择抗过敏的BB霜产品，所以真是万能的美妆产品。BB霜属于粉底的一种，需要干净卸妆，否则会堵塞毛孔。

如何使用BB霜

01 先做好皮肤的基础护理，抹上护肤水、乳液或者精华等。

02 挤出黄豆大分量的BB霜于手背，用无名指腹推开，均匀涂在下巴、前额、鼻子上，再由外而内涂在额头，手势跟涂乳霜一样。

03 在鼻翼两旁或有瑕疵的地方仔细涂抹，不需太多，就可达到修饰效果。

全面认识 遮瑕膏

遮瑕膏的种类

根据质地来分，遮瑕膏的种类通常有三种：液状、膏状和条状。

液状和条状的遮瑕膏遮盖效果较佳，但是对化妆者的上妆技术要求很高。膏状遮瑕膏的遮盖能力较低，但是因为质地清爽，化出的妆容更自然，反而受欢迎。

怎么选择遮瑕膏

由于每个人肌肤瑕疵分布的部位并不相同，所以最好先了解自己遮瑕的目的，再来选择遮瑕膏的颜色和质地。

最好是选用配合本身肤色的产品，肤色偏黄的东方人应该选用略带黄色的遮瑕膏，不能使用偏白的色系，因为白色遮瑕膏涂在偏暗的肤色上会形成灰色的阴影。

最好准备两种色泽的遮瑕膏，一种配合本身肤色，另一款则略浅一号，方便加强脸部轮廓。

除此之外，最好准备滋润与粉质两种不同质地的产品。当有黑眼圈、眼袋等现象出现的时候，要使用较滋润的遮瑕膏；如果是青春痘、暗疮等部位，就必须使用粉质的遮瑕膏，因为较油的质地难以附着在这些部位上。

巧用遮瑕膏之一，点走斑点

斑点是完美肌肤的大敌，也是化妆时的大难题。不过有了遮瑕膏的帮助，自然能一点遮百丑，让斑点消失不见。现从眼部遮瑕和脸部遮瑕来做示范。

眼部遮瑕

Step1:
在眼睛下方，用液体遮瑕笔轻轻地向下画三条斜线，量无需过多。

Step2:
用海绵将遮瑕产品轻轻地涂抹开来，将眼睛下方的黑色均匀遮盖住。

Step3:
用海绵将遮瑕产品轻轻地涂抹开来，将眼睛下方的黑色均匀遮盖住。

脸部遮瑕

Step1:
选择脸部遮瑕膏应该比粉底浅一色号，用指尖或小号的遮瑕刷蘸取适量，点在需要遮盖的部位。

Step2:
以轻点的方式，在斑点处轻轻按摩。

Step3:
用手掌轻轻拍打肌肤，使遮瑕膏与粉底完全融为一体。

Case 10 巧用遮瑕膏之二，盖住痘痘

遮盖红肿痘

Step1:
用棉花棒蘸取比肤色深一些的遮瑕液，点在痘痘处，修饰红肿的肤色。

Step2:
待表面微干时，用笔蘸取与肤色相同遮瑕膏，点在凸起的痘痘上，并把边缘拍匀。

Step3:
最后用干净的棉花棒在痘痘周围轻轻延展，使之与四周的肌肤融为一色。

Step4:
蘸取一点蜜粉，用最轻微的力度拍在痘痘上，做定妆，切记不能用推的手法。

盖住痘疤、痘印

Step1:

如果痘痘已经破皮，必须先用精华液湿敷浸润，使痘疤软化。

Step2:

选择质地润泽的遮瑕膏，点在破皮痘及痘疤上。

Step3:

用质地偏干的遮瑕膏，轻轻点在痘痘上，融合遮盖破皮痘和痘疤，用散粉轻压定妆。

障眼法之一，告别“熊猫眼”

“熊猫眼”就是俗称的黑眼圈，有的是因为睡眠不好，也有的是因为眼部血液循环不足。总而言之，“熊猫眼”是完美底妆必须克服的。

Step1:

使用保湿霜做好皮肤的护理，给眼周肌肤充分滋润，这样遮瑕膏会更加服帖于眼周，长时间保持眼部肌肤平滑均匀。

Step2:

选黄色遮瑕液，用专业遮瑕刷蘸取遮瑕产品，均匀地覆盖眼周。从下眼皮靠近内眼角的地方开始涂抹遮瑕液，一直刷到下眼皮的正中处，因为此处的黑眼圈较重。

Step3:

指腹轻压遮瑕膏，使之更加服帖自然，并提亮眼部。

Step4:

用散粉吸走眼部多余油脂，并定妆。

障眼法之二，告别眼袋

“熊猫眼”就是俗称的黑眼圈，有的是因为睡眠不好，也有的是因为眼部血液循环不足。

Step1:

先在眼部涂一层薄薄的乳液，以便充分吸收遮瑕膏。

Step2:

乳液吸收后，涂抹薄薄一层颜色比粉底更亮些的遮瑕膏，手法要轻，让眼周皮肤慢慢融合。

Step3:

用珍珠白+粉红色盖斑膏遮盖眼袋灰暗部位，遮盖面积不能太大。处理后的眼袋在光的反射作用下产生视觉混淆，眼底会显得格外亮丽。

唇部完善遮瑕法

唇形和唇色是天生的，但是往往有不少MM的双唇存在不对称、过大的瑕疵。利用遮瑕产品，为双唇进行后天修饰，能轻松弥补不完美的唇形。

不对称唇形

01 先在唇线不够清晰的部位用遮瑕笔修饰，也可用唇刷蘸取遮瑕液描绘。

02 用棉花棒或者涂抹粉底液的粉扑把遮瑕液晕开。

唇部是最容易被忽略的遮瑕地带，根据不同唇形的不同需求，所使用的遮瑕方法也应该不一样。

曲线不明显

01 用遮瑕笔在上唇中央位置画上“M”字形。

02 然后用棉花棒或粉扑把遮瑕膏略微晕开，便可有理想的唇峰了。

唇色不一致

01 将双唇清洗干净后，确定深浅部位。

02 用自然色的遮瑕笔将颜色较深的部位补一补，使之颜色变淡，唇色接近一致。

Case 14 细腻散粉，让底妆“从一而终”

细腻嫩滑的散粉，是定妆的最佳工具，也是让底妆保持不脱妆的秘诀之一。不过使用时，一定要注意以下事项。

粉扑要微干

粉扑太湿整个妆底就会因为过薄而很快脱落。另外，还要保证粉扑的清洁，粉扑上的脏东西附在皮肤上，掉妆更快。

从易脱妆部位开始

扑散粉可以先从容易掉妆的部位开始，将散粉扑在容易掉妆的T字区，然后再向整体均匀散开。用尽可能大的粉扑，薄薄地打在皮肤上。

脸颊扑足量

用粉扑拍打的方式将散粉渗入肌肤，粗大的毛孔会有很大的改善，有助于提高彩妆对皮肤的附着度。

鼻翼和鼻头尽可能薄

鼻翼和鼻头的散粉，最好做到尽可能薄一些。手持粉扑在鼻翼和鼻头尽可能薄地划圈，直到妆底完全渗入毛孔。如果扑粉过多，会给人厚重感。

最衬肤色的散粉才是绝配

散粉不仅可以定妆，还能帮你调节不完美的肤色。不同颜色的散粉对改善肤色有着不同的功效。

〔象牙白〕属于大众自然色，一般肤色都适用，起到定妆和提亮肤色的作用。

〔紫色〕肌肤发黄、暗沉或无光泽的人，用紫色散粉能立即摆脱“黄脸婆”的困扰。

〔绿色〕如果你的皮肤容易泛红，可以用绿色散粉来调节肤色发红或发黑的不均匀脸色。

〔粉色〕适合肤色比较白、没有血色的人，因为粉色的散粉能够让你的脸色立刻显得红润健康。

〔蓝色〕适合脸上有雀斑的MM，因为蓝色具有良好的转移效果，在眼睛下方与整个脸部刷上薄薄一层蓝色散粉，可以让脸庞更立体。

Finish!

Chapter 03 眉妆正当时，打造最IN造型

Case 01 晒晒化妆包：秀气眉妆必备道具

修眉四件套

修眉四件套指的是眉镊子、眉梳、眉剪、刮眉刀，这都是修理眉毛的必须工具。

无论进行什么样的眉妆，都应该首先进行眉毛的修理。只有将自然的眉毛修理整齐，才能为后面的眉妆做好准备。

眉刷

眉刷常用来刷掉多余的眉粉，或者蘸取粉状眉妆产品。一般分为牙刷型、螺旋型和斜角型，螺旋型和斜角型最常用。

眉笔

眉笔是最普通的画眉工具，外观呈铅笔状，用起来也最为快捷，特别适合初学者。

眉粉

眉粉比眉笔更柔和自然，是名媛、模特、化妆师的最爱，而且眉粉有双色、三色，可以调和使用，方便搭配和调色。

眉膏

眉膏很像睫毛膏，可以使眉毛的塑性效果达到最佳，比眉笔和眉粉的效果显得更干净，上色更均匀，颜色更利落。

眉胶

眉胶用来给眉毛定型，使眉毛看起来更加立体，还可以减淡眉色，让浓黑的眉毛更自然。

Case 02 根据脸形选眉形（一）

MM们都想拥有最能衬托自己美丽的眉形，但是漂亮的眉形是要根据脸形来选择的，不同的脸形对应不同的眉形。一般来说，人们的脸形分为椭圆形脸、圆形脸和方形脸三种，眉形要求各自不同。

椭圆形脸

椭圆形脸是最标准的脸形，在设计眉形的时候尽量以眉间为主体，整个眉形会显得非常柔和，大约呈一条水平线，从而烘托出椭圆形脸的柔美。

圆形脸

圆脸适合上扬眉，使脸部相应拉长。眉峰的位置可以是靠外侧1/3外，眉峰形状不要太锐利，这样会和脸形差别太大。眉形略为有上扬感就可以，眉形不应太长。

方形脸

方形脸适合略为上扬的柔和短眉形，不可以太细太短，注意眉间距不要太窄，在眉毛1/2处起眉峰。眉峰要圆润，眉头略粗，这样可以将脸形拉长，缓和方形脸过于刚硬的线条。

Case 03 根据脸形选眉形（二）

正三角形脸

正三角脸适合长眉形，眉形要大方，小气的眉毛会更强调下半部宽大的分量。眉头略粗，眉间距不要太窄，在眉毛2/3处起眉峰，面部会显得更清秀。

倒三角形脸

倒三角脸形的人并不适合下垂眉或大弧形的眉形，因为下垂眉会使额头显得更长，大弧形的眉会强调额头的宽度。最好是修成柔和稍粗的水平眉，眉间距不宜太宽，在眉毛1/2处起眉峰，眉峰要圆润，眉形不宜太长，这样可以使额头显得窄一些，缩短脸的长度。

菱形脸

菱形脸适合长眉形，眉形应轻松自然，在眉毛1/2加0.5厘米处起眉峰，眉峰的角度最好呈明显的三角形。千万不要修成那种眉头很低粗，眉尾高翘而细的眉形。

黄金比例修眉法

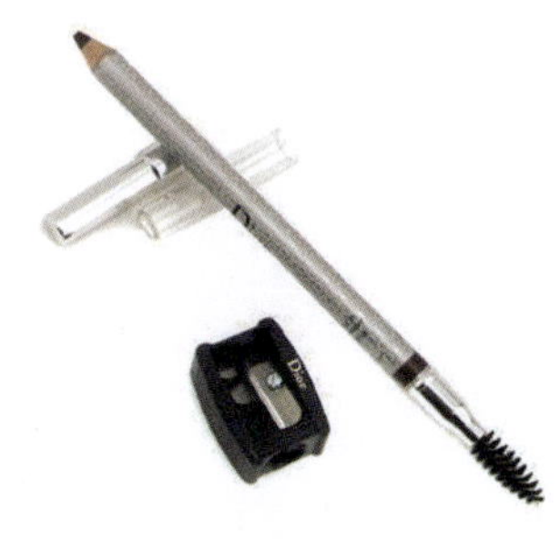

哪种眉形最好看？深受明星化妆师最爱的当属黄金比例修眉法。这种修眉法的重点是确定眉毛的几个点：眉头、眉中、眉峰、眉尾和眉弓骨。这样修剪出来的才是黄金比例的完美眉形。

眉毛的黄金比例

眉头的基准点位于鼻头与眉头间的垂直延长线上。眉中位于眼白至瞳孔边缘的垂直延长线所形成的区域。眉峰位于瞳孔外围，约在眉毛2/3处，高度在眉骨上方。眉尾位于鼻翼与眼角连线的延长线上。眉弓骨指的是眉尾下方和上眼皮之间的突出处。

修眉之前先梳洗

眉毛如同头发，也需要经常梳理。用眉梳按照眉毛生长的方向，从眉头到眉尾慢慢梳顺，避免修剪时出岔子。

黄金比例修眉法具体做法

01 两眉中间修干净。两眉中间眉毛比较稀疏，可以用刮眉刀来剔除。注意不要拔眉毛，避免毛孔变大。

02 修剪眉毛弧度。确定好眉峰和眉尾的位置后，就要用剪刀把较长的眉毛剪掉，注意修剪时要有整齐的弧线，眉尾要修剪成渐细的感觉。

03 修正眉峰形状。眉峰上面常会有杂乱的眉毛，影响眉峰的形状，所以最好先用刮眉刀在确定的眉峰上面，轻轻刮去杂眉，使眉峰凸显出来。

04 拔掉眉弓骨部位的杂毛。眉弓骨部位常常有许多细小的杂毛，用刮眉刀并不能清理干净，所以只能用镊子来一一拔掉。

眉笔、眉粉、眉膏 择善从之

画眉工具通常是眉笔、眉粉、眉膏等，但因质地不同，使用起来各有长短。对于初学化妆的MM们来说，根据实际情况选择一款更容易掌握的，同样能拥有最佳的自然眉形。

眉笔

眉笔是最常见的画眉工具，其主要原料是油脂（蓖麻油、羊毛脂等）、蜡类（鲸蜡、白蜡、地蜡等）、颜料和香精等。使用眉笔的方法比较简单，一般人都能轻易上手。

使用眉笔时重点要考虑其颜色，使眉妆更自然。一般说来，眉笔的颜色跟肤色、头发、服饰的颜色有一定的关系。如果是咖啡色系的头发，宜用咖啡色的眉笔，而灰黑色的眉笔适用于肤色白皙的人。如果肤色偏黑，尽量选择棕色的眉笔。

眉粉

眉粉用习惯了会发现它比眉笔更容易控制力度和效果，非常适合眉毛比较稀疏的人，画出来的效果比眉笔更自然。

一般来说，眉粉的颜色应介于头发和瞳孔中间的颜色。另外，可以在手上尝试眉粉的颗粒是否够细，是否容易上色，是否不脱妆，不花妆。不过，要注意的是涂眉粉时最好在光线充足的地方，边涂边对着镜子仔细检查，因为光线太暗容易涂得太浓。

眉膏

眉膏也有不同颜色，如有些MM眉色天生浓黑，无论用多么浅的眉笔描画，都不会让眉色变浅、变柔和，只会“越描越黑”，那么透明色的眉膏就可以发挥很大的作用。

使用眉膏时可以从眉头开始，顺着眉毛涂染，到眉尾用力轻一些，避免因为用力过重，使眉尾的颜色偏浓。

一学就会 三步描眉法

对于初学化妆的MM来说，太过复杂的描眉术显得有些不切实际。当务之急，是掌握一种最基础与最简单的画眉法。

Step1:

以眉峰为基点，将浅色眉粉分别涂至眉尾和眉头。如果眉毛长得参差不齐，注意涂抹时要补满不完整的眉形，使之自然。

Step2:

用颜色略深的眉笔将稀疏和不饱满的眉尾，一根根地添画。如果眉毛本来就很浓密，只需画到在远处能看清眉形轮廓的程度即可。

Step3:

使用螺旋眉刷将眉毛梳理整齐，使画好的眉毛同原本的眉毛融为一体，这样看起来更自然。

标致柳叶眉，传承淑女风范

柳眉不仅让眉毛更加立体有型，也会让眼部看起来更加柔和雅致。要塑造出自然清秀的柳眉，首先要找准眉骨的位置，沿着眉骨的走向画出最自然的效果。

Step1: 用眉笔沿着眉毛上方边缘描画上线，画到眉峰的位置即可。

Step2: 用眉笔沿着眉中下方至眉峰下方描画下线，再用眉笔将Step1的上线与这里的下线之间的空隙填满。

Step3: 用螺旋眉刷左右梳理眉毛，让眉形更加自然。眉头部分用螺旋眉刷轻轻梳理即可。

Step4: 找到眉峰的位置，用眉笔将眉峰与眉中自然地连接起来，强调其存在感。

Step5: 由眉峰开始自然下垂，画眉尾的时候线条一定要流畅清晰纤细。

Step6: 用眉刷取适量眉粉淡淡地涂抹在眉头位置，沿着眉毛生长方向涂抹眉粉，眉尾部分用眉刷的前端轻轻敲打上色，这样眉粉不容易掉落。

Step7: 在眉弓骨部位刷上适量的高光粉，提升眉毛的立体感，柳眉即大功告成。

看粗眉妆也“笑傲江湖”

谁说粗眉就一定难看？在本季的时尚T台上，随处可见的粗眉毛再次成为时尚目光的焦点，让你的眉毛也跟上新趋势吧！

Step1:

用眉刷梳理眉毛，检查稀疏的地方。然后用指尖捏住眉笔笔头十秒，让眉笔芯软化后，填满眉毛稀疏的地方，再画出眉毛的纹理。

Step2:

用眉刷蘸眉粉，先从离眉头1/3处开始往眉尾描画，长度不超过鼻翼和外眼角的延长线，再从1/3处画至眉头，画好后用棉棒轻轻晕开。

Step3:

用透明睫毛膏刷在眉毛上，让眉毛更加整齐有型。如果眉毛周围有多余的线条，可以用棉棒蘸卸妆液轻轻点掉即可。

DIY个性眉 凸显女人味

DIY个性眉特别适合骨感脸形MM，既凸显活泼的气质又能衬托女人味，适合日常聚会或外出游玩。

Step1:
先用眉笔从眉毛中部的上方开始描出眉形轮廓，至眉峰为止。

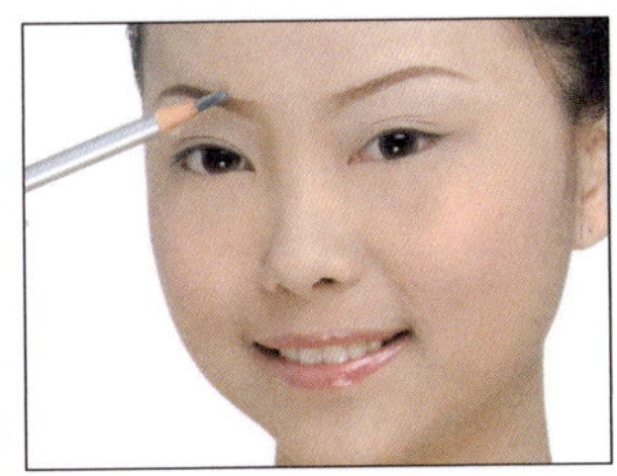

Step2:
然后在眉毛中部的下方对称上方画出轮廓，同样到眉峰部为止。

Step3:
用螺旋眉刷的前端，勾出的眉形轮廓左右移动，一点点地梳整眉毛。

Step4:
用眉笔在眉峰处自然清楚地画出眉形，眉梢要仔细画到最后一根。

Step5:
用眉刷蘸取眉粉轻轻地在眉头处刷，薄薄的一层色即可，凸显自然的眉形。

Step6:
用眉刷的前端沿着眉线由眉毛中部刷至眉梢，增加眉毛的浓密度。

Step7:
最后在眉弓骨部打上高光，更加凸显眉形轮廓，呈现立体感。

描画泰勒眉
席卷复古风

复古风潮席卷而来，这其中又以模仿伊丽莎白·泰勒的眉形尤为突出。如果你的眉骨比较突出、眉毛宽度适中的话，一起来学画泰勒眉吧。

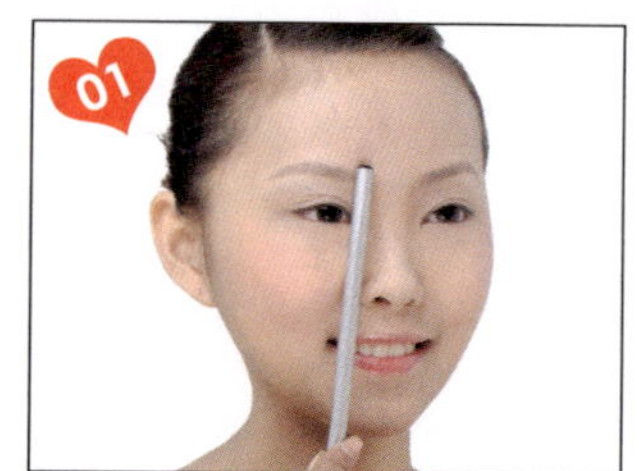

01 从黑眼球外缘跟鼻窝的延伸线往上跟眉毛的接触点，也就是眉峰往上修，修出大约135°的夹角弯度。

02 从眉头开始用深棕色眉粉混合黑色，将眉头添补成圆形，将眉头宽度向后移，往后渐变细，将边缘线处理柔和，适当加粗眉毛。

03 眉尾画长3毫米显大气。我们平常画眉，一般是以鼻窝向眼尾的延伸线跟眉毛的接触点，作为眉尾的长度。但是画泰勒眉则要比这个长度略长一些，大约多出3毫米的长度，眉毛看起来既有分量又大气。

04 眉胶分层刷出立体感。眉毛分为上下两个层次，用眉胶把上层的眉毛往后下方倾斜45°梳理，再把下层的眉毛往上倾斜45°梳理，这样眉毛的立体型就被固定了。

魅力眉妆 三大细节

眉色要与发色搭配

如果眉毛比头发颜色更深，会给人留下明显的人为修整的印象。所以眉毛的深浅要考虑到与头发的搭配。如果头发是深棕色，则要避免黑色眉笔；如果是金色、栗色头发，眉笔要用中冷色调；普通的黑发，则可以选用深棕色或浅黑、黑灰色眉笔。

拔眉也要呵护肌肤

在拔眉时，先把肌肤拉平，用眉钳夹紧眉毛的根部，一次一根，朝着眉毛的生长方向轻轻拔起，这样才能防止将眉骨上的皮肤拉松。

小诀窍让眉毛服帖

将滋润乳液或滋润唇油涂抹在立起的眉毛上，能使其服帖。此外，旧的睫毛膏棒也可以起作用，用肥皂和温水洗净后，也能用来梳理眉毛。

Chapter 04 精致眼妆，打造靓丽双眸

晒晒化妆包：迷人眼妆必备单品

眼影

用于对眼部周围的化妆，以色与影使之具有立体感。眼影有粉末状、棒状、膏状、乳液状和铅笔状等，还有多种颜色可以自由搭配。

眼线笔

用来加深和突出眼部的彩妆效果，使眼睛看上去大而有神。眼线笔最好操作，是初学者必备的，一般棕、黑两色的眼线笔是不可少的。

眼线液

眼线液能够充分衬托出眼部的彩妆效果，质地是液状，可以画出比较细腻流畅的线条，尤其是对于内眼线，更有优势，且防水性强。

眼线膏

同样是突出眼部的彩妆效果，只是眼线膏的质地是膏状的，需要配合眼线刷来完成画眼线的过程，兼具眼线笔和眼线液类产品的优势，比较好操作，画出眼线线条比较细腻，不容易晕染，防水性能好。

睫毛膏

用于睫毛化妆，可加强睫毛的浓密度和长度，使眼睛显得富有魅力。睫毛膏有带纤维和不带纤维两种，有些还具有防水性，颜色多种多样，透明色、白色、蓝色、棕红色、深褐色、黑色等。

晒晒化妆包：迷人眼妆必备工具

睫毛夹

睫毛夹是眼妆不可或缺的工具，可使睫毛弯曲上翘，令双眼看起来深邃明亮。

眼影刷

眼影刷特别适合初学者用来在眼部调色，一般有大、中、小三种尺寸，可画出不同的眼妆效果。大刷用来打底，中刷在画渐变层时使用，小刷可以用来画下眼影。

眼影棒

有单头眼影棒和双头眼影棒两种。用眼影棒画出来的眼妆效果会比较深比较重，通常用于涂抹手指很难办到的细微部位，比较适合于精致妆容中加重色彩时使用。

眼线刷

眼线刷的刷头较小、刷毛较坚实，用于化妆的后期调整，使眼线笔勾画出来的线条变得更加柔和自然。

Case 03 必学 眼影色彩搭配

眼影的颜色五彩缤纷，如何找到适合自己妆容的颜色，将不同颜色巧妙搭配，是学习眼妆的重点。眼影一般可以分为影色（也称“暗色”）、亮色、强调色三种，常见的搭配技巧如下：

影色

影色是收敛色，一般是涂在应该有阴影的部位，如凹的地方或者显得狭窄的地方，所以影色一般选择暗灰色、暗褐色。

亮色

亮色是突出色，一般是涂在希望看起来显得高、显得宽阔的地方。亮色一般是发白的颜色，包括米色、灰白色、白色和带珠光的淡粉色。涂上亮色后的眼睛，会显得非常有活力。

强调色

强调色可以是任何颜色，主要是为了吸引人们的注意。选择强调色，一定要根据自己的服饰和唇色来与之协调。

强调色可以作为重点用色，是能够加强人们对你的脸部视认度的用色。

Case 04 不同眼形 眼影搭配技巧(一)

每个人的眼形不一样，有的双眼皮，有的单眼皮，所以眼妆也各有区别。尝试眼影色彩搭配，不同眼形一样有高招。

单眼皮

单眼皮要将亮色涂刷于略微超出眼尾的眼窝浮起处。另外，还要在眼睛边缘涂刷暗色来创造清晰感，颜色的粗细应以张眼时可见1～2毫米为宜。

内双

内双要将亮色刷于整个眼窝上，暗色则浓密地涂刷于眼睛边际。此外，还应在下眼睑靠眼尾约1/3的范围涂上薄薄的暗色，并自然地与上眼睑的眼影衔接。

圆眼睛

为了使眼睛看上去更修长，应在眼角的上部涂上深色的眼影。如果在眼睛的中央部位涂上深颜色眼影，眼睛会显得更圆。

小眼睛

为了使眼睛看上去更修长，应在眼角的上部涂上深色的眼影。如果在眼睛的中央部位涂上深颜色眼影，眼睛会显得更圆。

眯眯眼

眯眯眼看起来如同眼睛没有睁开，所以可将亮色如同环绕眼尾一般地由眼窝涂刷至下眼睑，而暗色则涂满于双眼皮内，最后将瞳孔上隆起的眼睑部分涂稍粗，并向眼头晕染。

不同眼形 眼影搭配技巧（二）

下垂眼

下垂眼主要是眼尾下垂，所以应沿着眼窝浮起处自然地涂刷亮色，而暗色则较粗地涂刷于眼尾，然后向上刷晕，通过层次变化起到眼尾上提的效果。

浮肿眼

浮肿眼应在眼睛浮起处的阴影上涂刷亮色，并超出眼窝范围刷晕至下眼睑，晕成如围住眼睛一般，暗色要又细又淡地涂刷于睫毛边际处。

丹凤眼

丹凤眼可将亮色涂刷于整个眼窝上，而暗色应又粗又浓地涂抹于眼头处，然后向眼尾刷晕，最后在下眼睑打上暗影取得平衡。

眼间距不正常

如果两眼之间的距离过大，可以在眼角和鼻子的中间部位淡淡地涂上一层眼影。如果两眼之间的距离过小，则可以在眼角到眼睛中间部位涂上一些明亮的颜色，还可在眼角略微加深一下眼影的颜色。

轻松描绘 美目传神眼线

想让眼睛看上去大而有神，技巧就在于描绘眼线。不过对于大部分初学者而言，画眼线还属于高难度工作。

轻松玩转眼线

常见的眼线工具包括眼线笔、眼线液和眼线膏三种，其使用方法也是完全不一样的。

例如眼线笔用来加深和突出眼部的彩妆效果，使眼睛看上去大而有神。它的外形类似铅笔。可使用特制的卷笔刀或小刀去除多余的木质部分，也可改善笔头的粗细。一般选择比眼影深一个色系的颜色，然后轻轻画在睫毛根部。

眼线液的使用方法要复杂一点，因为特别容易画出预定的位置，所以不妨先在眼线部位打一个“草稿”，用眼线笔画一条1厘米左右的眼线，然后用眼线液沿着画好的线条描画。

涂眼线膏的方式，和眼线液差不多，用刷子沾上一点眼线膏，沿着睫毛根部刷上。

两类眼线笔介绍

〔铅笔型眼线笔〕铅笔型眼线笔携带非常方便，使用也很简单，可以随身携带，无论化妆还是补妆都很适用，而且线条可粗可细，着色可浓可淡，很适合初学者。它的缺陷是表现力相对较弱，着色后容易脱落，如果时间较长，需要进行补妆。

〔乳液型眼线笔〕乳液型眼线笔的表现力比较强，线条更加流畅，而且眼线画上之后不易脱落。它的缺陷是无法改变笔尖的粗细，在描画时粗细无法变化，所以最好准备一套可更换笔尖。

画眼线的技巧

〔下笔宜轻不宜重〕画眼线的关键在于掌握力量的轻重，注意下笔一定要保持轻柔的力度。为了让眼妆保持自然的亲和力，要避免画过重、过粗或者过厚的眼线，否则效果会适得其反。

〔避免画下眼线〕一般来说，画下眼线属于旧式的画法，由于这种画法将整个眼部全部清晰勾勒出来，反而会给人过于突出、不自然的感觉。所以，一般眼妆都不建议画明显的下眼线。

〔尽量接近睫毛〕画眼线的时候，注意要尽量画在接近眼睫毛的根部，这样能够加强眼睫毛的密度，让睫毛看上去更加浓密，眼睛显得更加迷人。

〔保持渐进式画法〕画眼线时，一定不要怀着心浮气躁、急于求成的心态，而应该采取渐进式的上色画法，保持手的力度和高度，将眼线慢慢描绘出来。

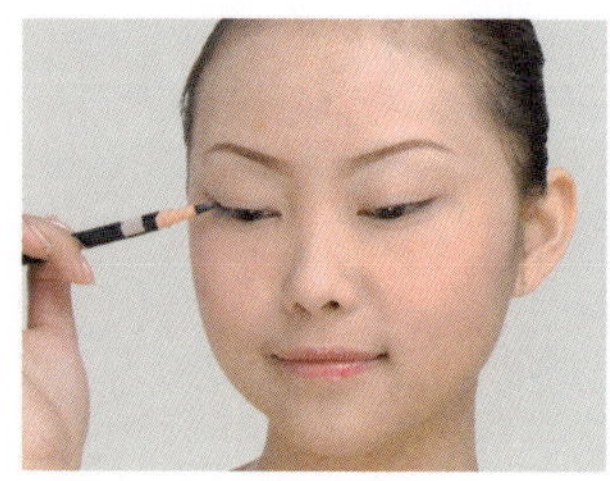

Step1:
用眼线笔小幅度地移动，填满睫毛根部间隙，注意眼线笔不要削得太尖。

Step2:
用眼线液将Step1中描绘的眼线调节得更加漂亮，尽量在接近眼际的部位仔细描画，让眼线位于睫毛根部的略上方。

Step3:
用棉棒的尖端在眼线笔上蘸取少许颜色，从距离眼梢1/3处开始轻轻向外晕开眼线，以模糊眼线的轮廓。

无瑕裸妆 清澈眼线

裸妆简朴自然又不失高雅大方，在画眼线时，如何营造出这种自然清澈的感觉呢？

Step1:
从眼尾开始描绘。用手指轻轻抬起上眼皮，方便填满睫毛根部的空隙，用眼线液从眼尾处开始描绘眼线。

Step2:
从眼角向中间描绘，与眼尾处相连。再从眼角慢慢向后描绘，直至与刚才眼尾的眼线相连。

Step3:
用眼线笔在眼线液上覆盖，使眼线变粗。稍抬起上眼皮，用眼线笔在刚才的眼线上描绘，使眼线自然变粗，让眼睛看起来更圆。

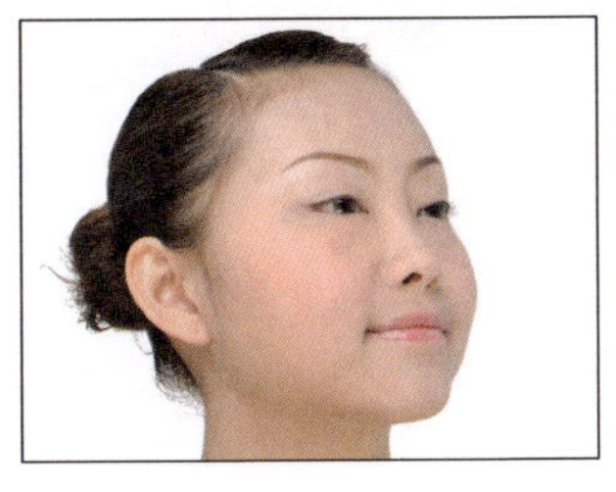

Step4:

将上眼皮睫毛根部的空隙完全填满。这也是隐形妆容的重点，依旧抬起上眼皮，将黏膜处与睫毛根部的空隙处完全填满。

Step5:

抬起眼尾处的眼皮，将眼线拉长。接下来要认真打造眼尾的眼线。轻抬起眼尾处的眼皮，用眼线笔将眼尾眼线拉长，营造出复古的效果。

Step6:

将下眼皮睫毛根部空隙完全填满。为了让眼睛看起来更大，可以用白色眼线笔在下眼皮黏膜处描绘，将白眼球范围扩大。

睫毛弯弯 自有高招

卷翘睫毛，更能呈现明眸善睐的神采。因此，画睫毛是完美眼妆中必不可少的步骤。如何让天生短直的睫毛大变样呢？试试下面的4步就可以了。

Step1:

将睫毛夹放在睫毛的根部，视线向下，夹5秒然后放开。

Step2:

将睫毛夹慢慢向上移动，直到睫毛中部位置停住，夹5秒放开。

Step3:

将睫毛末梢夹5秒左右，特别补强眼尾睫毛的卷翘度，再放开。

Step4:

用螺旋睫毛梳先将上、下睫毛梳顺。由下向上以Z字形刷睫毛。

芭比美睫技巧

芭比娃娃总是闪着浓密纤长的卷翘睫毛，是很多MM心仪的对象。学习下面的美睫小技巧，一样可以轻松刷出超级浓密睫毛。

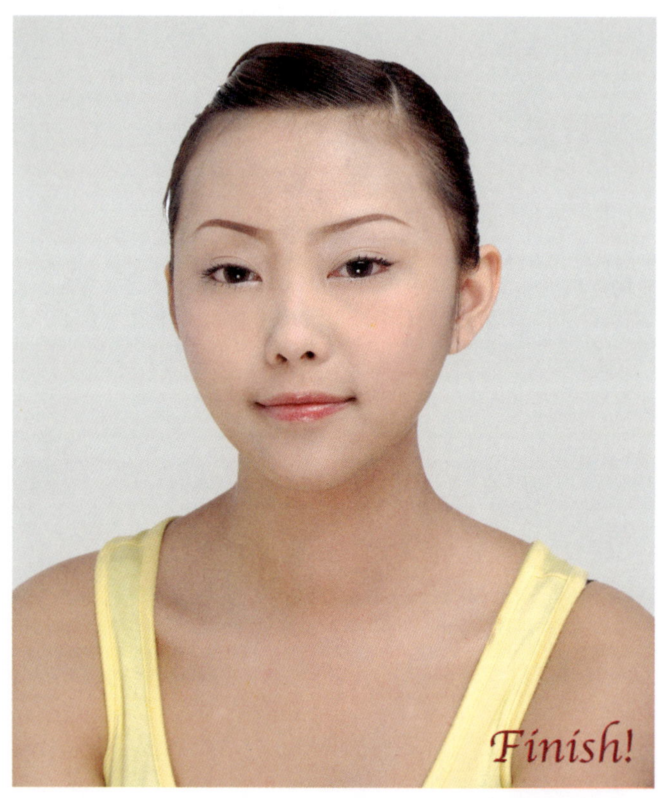

涂睫毛膏之前，先将散粉刷在睫毛上。这个小技巧可以让你的睫毛看起来更加浓密，还能避免睫毛膏结块。

Step2:

用睫毛夹将睫毛夹卷翘，再用手指把每根睫毛分开。

Step3:

用黑色睫毛膏从睫毛根部开始向末梢，呈Z字形反复刷，根部要涂得多一些，眼头部分的睫毛要用睫毛刷1/3处向眼头偏斜45°角方向涂，眼尾处的睫毛则要向眼尾偏斜着涂睫毛膏，更有立体感。

Step4:

把睫毛刷竖起来，用刷头的前面1/3处小心刷下睫毛，然后把睫毛刷横着再刷一遍下睫毛，眼睛立刻有增大1.5倍的效果。

轻松玩转假睫毛

假睫毛是派对浓妆或者镜头妆的好帮手，也是不少明星的最爱。不过如何戴好假睫毛却是个问题，如果假睫毛戴不好，会像乌云一样把眼睛遮挡得毫无光彩；相反戴好了假睫毛，则能瞬间绽放动人美丽。

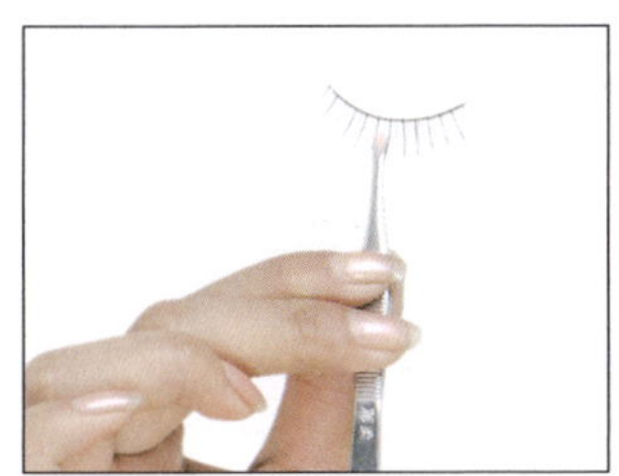

Step1:
用镊子小心地取出假睫毛，两手小心地捏着假睫毛的两端，反复弯出弧度。

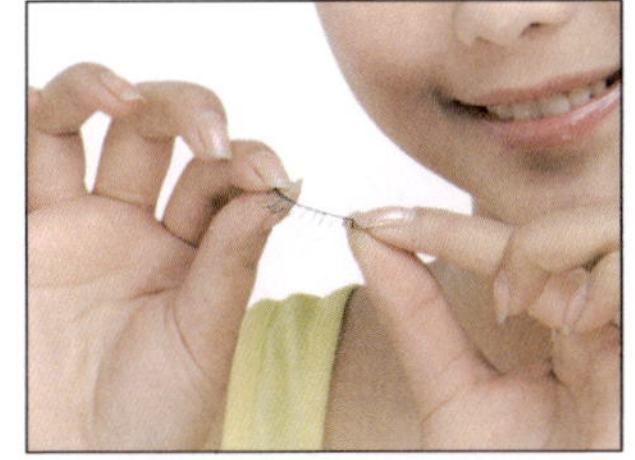

Step2:
将假睫毛放到眼睛上比一下长度，用专用小剪刀修剪，把多出的部分剪掉。

Step3:
用镊子夹住假睫毛中间靠近根部的位置，小心地把睫毛胶刷到假睫毛的连接线上。

Step4:
用镊子夹住假睫毛中间靠近根部的位置，目测一下，将假睫毛对准眼角中部贴上去。

Step5:
中间贴好马上放下镊子，然后夹住假睫毛外侧根部，贴好眼尾、眼角。

Step6:
用手指帮忙往里面轻轻推整条假睫毛，让基部与眼皮完全贴合。

手把手教你
四步贴紧双眼皮

双眼皮贴不仅仅可以让单眼皮变双，还能修饰下垂的眼角和不对称的内双等，令双眼更标致完美。

01 用化妆水清洁眼部多余油脂，眼部太油不易贴牢双眼皮贴。

02 市面上有售现成的双眼皮贴（供懒MM使用），也可以自己动手剪下一段约3厘米长，与眼形相近的胶带。

03 将双眼皮贴窄端贴在距离眼头0.8厘米、距离眼线0.2厘米处。若是单眼皮就剪粗些，贴在眼皮略高处；内双的则可贴在比原本眼褶高2毫米处，压过原双眼皮皱褶。

04 用右手轻轻压紧最容易翘起的眼尾胶带，稍坐固定即可轻松上妆。

美眸闪耀之 烟熏眼妆

无论是T台模特儿，还是视觉系明星，如同烟雾弥漫格调的烟熏妆一直是时尚女性的宠儿。而烟熏妆中最重要的一环就是眼妆，如何描绘醉眼迷离的烟熏眼妆呢？

Step1:
描画清晰的黑色眼线。先用黑色眼线笔在上眼睑边缘描绘出一条明显的线条，再用海绵棒将线条晕染开来。

Step2:
用眼影粉晕染出层次。把眼影粉大幅刷在眼窝部位，双眼睑折叠线以内适当加深，然后用眼影刷向上晕染，逐渐浅淡，营造出层次效果。

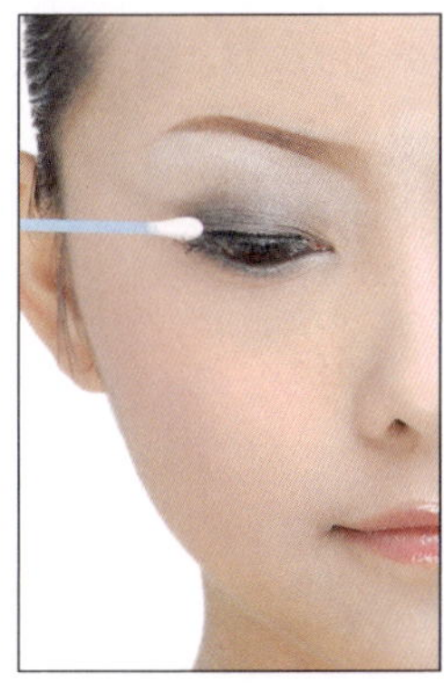

Step3:
沿着下眼睑边缘画上细细的黑色眼线，眼尾处适当加粗，让眼影轮廓清晰，眼神更深邃。

Step4:
刷上加长加密的睫毛膏、用浓密加长型的睫毛膏增加睫毛的分量感，立刻展现眼妆华丽效果。

Step5:
使用带有珠光的亮粉沿下眼线描画，也可以提亮眉骨部位，增强立体感，效果更明显。

Case 13 纯情 水蜜桃眼妆

约会时间到，要知道眼睛是最会放电的哦！恋爱水蜜桃传情电眼妆就是要让你甜美可人，让约会好心情。

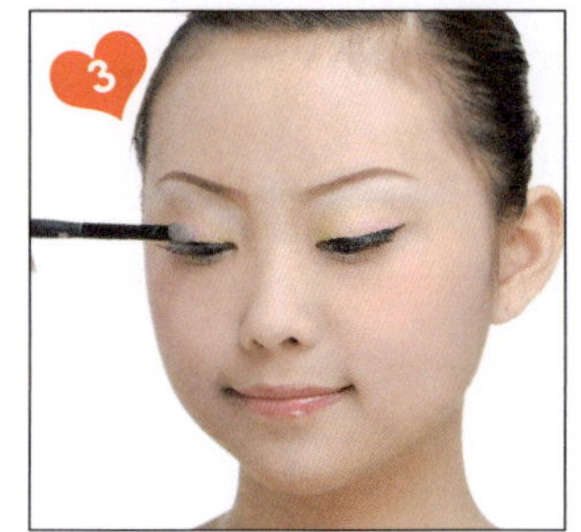

Step1:

首先用浅灰绿色粉状眼影打底扫在眼窝位置，然后将银白色眼影涂在眉骨位置作高光，令眼形凹凸分明。

Step2:

再用带闪的鹅蛋黄色眼影扫在上眼皮，注意要打出渐变的效果，还要与高光部分过渡自然。

Step3:

选择带有荧光感的粉色眼影，在眼尾处成“<”形轻轻涂抹，颜色由浅至深。

Step4:

继续在眼尾处抹粉色眼影，然后在下眼睑中部涂鹅蛋黄色眼影，而在下眼睑前端涂上白色眼影。

Step5:

沿着睫毛根部画眼线，从下眼头画至下眼尾。注意，眼头的眼线要稍细，眼尾稍粗并晕染填满小三角区。

Step6:

用睫毛夹夹翘睫毛，涂上睫毛膏即可。如果想要让眼睛显得更大，可以将中间的上睫毛和尾部的下睫毛适当刷长一点。

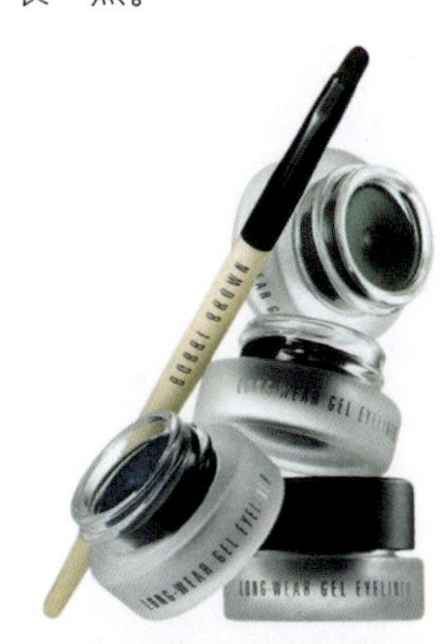

秋季
浪漫田园眼妆

秋季是浪漫而收获的季节，让眼妆也因景而变，呈现浪漫的田园风光吧。

Step1:

选用大眼影刷蘸取淡黄绿色眼影打底，平扫整个眼窝，让眼妆均匀平滑。

Step2:

再换用小眼影刷蘸取橙黄色眼影，在眼头约1/3处沿着眼线处慢慢向上晕染，然后在眼尾处刷草绿色眼影加深眼睛立体感，注意要与周围的底色过渡均匀。

Step3:

在眼尾2/3睫毛根部轻涂上一层深咖色眼影粉，为眼线做前期铺垫；再在下眼睑涂一层浅绿色眼影；最后在前眼角打上高光。

Step4:

用黑色眼线笔沿着睫毛根部由内而外画较细的眼线。

Step5:

最后用睫毛膏呈Z字形慢慢向上提升刷长睫毛，使睫毛看上去更加分明、卷翘。

Finish!

混血儿 深邃迷离猫眼妆

混血模特儿的性感、深邃的大眼总是让人羡慕不已，想要画出迷离猫眼妆很简单，无论是大眼还是小眼MM，都可以成为猫眼妆的一员。

Step1:

先用金属浅紫色眼影以弹点方式从眼头往眼尾打亮眼窝，加强其光泽感。

Step2:

在眼褶处用左右移动方式均匀地抹上黑灰色眼影，并晕染整个眼窝，然后在眼尾部加深颜色，打造立体眼形。

Step3:

在下眼角1/2处涂抹珍珠白色眼影打亮眼角，起到放大眼睛的作用，然后用眼线笔涂抹上眼线并摩擦晕开，带出烟熏效果。

Step4:

轻扯下眼皮，用黑色眼线描画下眼线，在眼尾后1/3处可适当加粗眼线，位置描画得稍细些。

Step5:

用黑色眼线液从眼头往眼尾画上1毫米的眼线。注意猫眼妆的秘诀在这里，眼尾处要慢慢往上勾起。最后涂抹黑色睫毛膏，猫眼妆完成。

Finish!

Chapter 05 粉嫩唇妆，魅力新坐标

晒晒化妆包：甜美唇妆必备单品

润唇膏

润唇膏是女性使用最多的化妆单品之一，能滋润双唇并锁住水分，且维持时间较长，能停留在嘴唇表面而不渗透，是双唇最好的屏障。一般没有颜色或者颜色较淡，用来给双唇滋润打底用。

唇膏

唇膏就是我们常说的口红，跟润唇膏质地相似，比唇彩、唇蜜要干和硬。唇膏色彩多样，饱和度高，颜色遮盖力强，由于是固体，所以不容易外溢，令唇妆持久，不脱落，特别适合用来修饰唇形、唇色。

唇蜜

唇蜜质地黏稠，色彩鲜亮，晶莹剔透，能给双唇带来柔嫩的水润触感，非常适合化淡妆、透明妆或裸妆。但唇蜜在遮盖力和颜色修饰上不如唇膏，需要经常补妆。

唇彩

唇彩的色彩自然丰富，相对于唇蜜来说颜色比较厚，遮盖力比唇蜜强，上色后使双唇滋润亮泽，立体感强，特别适合特殊妆效，但维持时间也较短，需要1～2小时补妆一次。

晒晒化妆包：甜美唇妆必备道具

唇刷

唇刷是涂唇膏的工具，可以使唇线轮廓更加清晰，唇色更加均匀。有些人直接用唇膏来涂草草完事，但是唇角的边缘就无法顾及到，所以在打造精致唇妆时，唇刷是不可少的美唇好帮手。

唇线笔

理想的唇形是离不开唇线笔的，特别是天生唇形不理想或者是想改变唇形的MM，想让嘴唇看上去更加性感靓丽，唇线笔会为你增色不少。唇线笔除了塑造更完美的唇形外，还能防止唇膏晕开。

唇部遮瑕霜

像普通的遮瑕霜一样，但是它专用于唇部遮瑕，可以遮盖唇纹，减淡唇色，在唇膏前使用，用来给唇部打底。

挽救 水润双唇护理

如同肌肤一样，唇部也需要做好护理，才能为诱惑唇妆打下基础。在日常护理中，唇部也是不能忽视的部位。

唇部卸妆

唇部是平均化妆时间最长的一个部位，即使你平时很少化妆，但偶尔也会有使用口红的习惯。如果唇部没有彻底卸妆，那么积累在嘴唇缝隙间的口红则会渐渐阻碍唇部肌肤的正常代谢，使唇色加深变黑，甚至导致唇纹加深。

另外，冬天唇部容易干燥，需要经常用到唇膏或口红，卸妆不彻底就会导致唇色暗沉和干燥，甚至会染上“口红病”。所以冬天唇部要首选有滋润效果的唇膏。

睡前护唇

临睡前涂抹润唇膏是保护双唇的极好办法。因为皮肤在夜间是最喜欢吸收水分和养料的时候，如果你睡觉用嘴巴呼吸，或是睡在空调房里，那么嘴唇整晚缺少滋养，很容易变干燥甚至脱皮。

最好的办法是，在临睡前先涂上厚厚的润唇膏，然后覆上一层嘴唇大小的保鲜膜，再用热毛巾敷在唇上并适当地按摩，大约5分钟后，即可揭下保鲜膜，你会发现双唇更加水润饱满。

有些人喜欢用其他护肤品代替润唇膏，这种做法并不科学。唇部皮肤是外翻黏膜组织，其需求和别处肌肤并不一样。

唇部按摩

给唇部按摩可以淡化唇纹。具体方法是：用食指和大拇指捏住上唇，食指不动，轻轻移动大拇指来给上唇按摩；再用食指和拇指捏住下唇，大拇指不动，轻轻移动食指来给下唇按摩。然后再用同样方法反方向有节奏地按摩上下唇，可以明显地消除或减少唇纹。

补充维生素和水

日常应多食用蔬菜和水果，多喝水，还可以服用适量维生素A、B族维生素、维生素C片，因为水果、蔬菜以及维生素片里面含有丰富维生素，能改善唇色暗沉，久而久之双唇会更加柔润。

改掉不良小动作

嘴唇干燥出现不适感，很多人都会无意间舔嘴唇，这个小动作给嘴唇带来的伤害你却不知。因为残留在嘴唇上的唾液在蒸发时会带走唇部原本就缺乏的水分，以至于唇部变得更加干燥甚至脱皮。所以嘴唇干燥不适，应及时涂上润唇膏，如果嘴唇已经干裂脱皮，应在睡前先用热毛巾敷唇3～5分钟，再用柔软的刷子轻轻刷掉唇上的死皮，最后抹上厚厚的润唇膏。

肤色VS 唇色

唇膏的颜色五花八门，哪一种颜色才是你的绝配呢？

正红色系红唇

正红色系红唇特别适合肤色白皙的MM，正红色的红唇也是最经典最复古的红唇妆，搭配白皙的肤色和灰黑色烟熏妆有一种别样的美感。不过涂这种色系红唇一定不要忘了先勾勒唇线，才能让双唇看上去更加饱满丰润。

枣红色系红唇

枣红色比较适合肤色偏黄的MM，枣红色比正红色稍显成熟、低调，能很好地修饰偏黄的肤色。这种色系红唇是欧美女性的最爱，时尚性感。要注意的是，如果你的唇纹较深，就要适当修饰，否则会让你显老。

玫瑰红色系红唇

玫瑰红色系红唇基本上所有MM都可以尝试，玫瑰是浪漫与爱情的象征，涂上水润质感的玫瑰色别具异国情调，尤其适合浪漫爱幻想的MM。

橘红色系红唇

橘红色系红唇也不挑肤色，并且显得更加活泼、动感，是年轻MM的首选色之一。此外，红色和黄色调和出的橘色既能适合偏黄的肤色，又能让偏白的皮肤看上去更加白皙，所以也非常受欢迎。

Case 05

四步示范 基本唇妆

有些人以为唇妆就是简单地涂抹唇膏，其实不然。真正完美的唇妆，应该是纯正而富有光泽的，看上去好像熟透的水果，具有一种迷人的诱惑感。现在就来学习下面的四步美唇技巧，让初学者也能轻松入门。

01 为了提升嘴唇的水润度和饱满度，得先给嘴唇涂上无色护唇膏。然后用棉花棒擦走多余的唇膏或者唇部死皮。

02 找同色系的唇线笔勾勒唇形，并修正唇的边缘色，为后续上色作铺垫，且不易掉色。

03 用粉底以按压的方式在唇部周围轻轻一点，帮助修饰多余的唇线或者唇部瑕疵。然后用唇膏轻轻涂在确定的唇形上，注意涂抹的时候按照从中间到两边，从上到下的顺序，避免加重唇纹。

04 用唇蜜直接涂刷或以唇笔刷蘸取唇蜜，从上下唇中心往两边唇角均匀拍开，使唇色瞬间亮眼。

不完美唇形紧急补救法

完美的唇形应该轮廓线清晰，上唇稍薄于下唇，唇珠明显、居中，且略微上翘，整个唇部富有立体感。但是大部分人的唇形并不完美，如何通过唇妆来修饰呢？根据不同唇形，有不同的补救方法。

嘴唇过厚

嘴唇过厚有三种情况，上唇过厚、下唇过厚或上下唇均过厚。嘴唇过厚使人显得不秀气。

首先用粉底或遮盖霜在唇上打底，如果嘴唇只稍微有点厚，不必作过多修饰，可在嘴唇边缘涂抹，淡化边界线即可。而如果嘴唇过厚了，就要涂于整个唇面，然后用蜜粉固定。

再运用深色的唇线笔，沿着唇角勾画唇形，将其厚度轮廓向内侧勾画，使厚唇得到有效的收敛。另外，在选择唇膏时，最好选用偏冷的深色。

嘴唇过薄

嘴唇过薄使人显得不够大方，缺少女性的丰满、圆润韵味。

利用唇线笔将唇部轮廓线向外扩展，将上唇的唇峰描画圆润，下唇稍微向中下部延伸，适当增厚唇形。唇膏应选用偏暖的色彩，并在唇面上涂上较亮的唇蜜。

嘴角下垂

嘴角下垂使人显得愁苦，缺乏活力，没神采。

用粉底或遮盖霜涂于唇轮廓周围，唇角部位稍加重，再用唇线笔勾勒并修饰唇形，达到使唇角有上翘的趋势。画上唇线时可以将唇峰略压低描绘，唇角略提高，嘴角向内收。画下唇线时，唇角向内收与上唇线交汇。涂唇膏时，唇中部的颜色要比唇角略浅一些，着重突出唇的中部。

嘴唇突出

嘴唇突出，甚至有向外翻的感觉，让人感觉缺少美感。

画唇线时就要将唇角略向外延伸，嘴唇中部的上下轮廓线都要尽量画直，起到收敛唇形的作用。唇膏应选用偏冷色。

嘴唇过大

嘴唇过大向两侧延伸，使下颌在衬托之下显得比较小，整体看上去，会有种不善言语的笨拙感。

嘴唇过大的人，在上唇妆时也要有所讲究。首先还是用粉底或遮盖霜进行打底，涂在唇部边缘，包括唇面，并用蜜粉进行固定。然后开始用唇线笔勾勒唇形，在画轮廓线时，要在原有的上下唇线内侧勾画唇线，使其尽量向内收缩，让唇部看起来更薄、更窄。此外，唇膏选用较深的颜色，这样会有收敛的效果。

幸福唇形新选择：饱满M形

M形唇形也就是所谓的笑唇，拥有这种唇形的人，最大的特征就是时刻都会让人看上去感觉好像在微笑，所以笑起来特别迷人。人们常说“会笑的眼睛”，其实M形的唇形也能给人愉悦的亲和力，看上去兼具优雅和性感。

Finish!

Step1:
饱满唇形的重点在于描绘M形唇形线条。用裸金色唇线笔描绘唇峰的M形部分，再顺着M形继续修饰上唇，描绘明亮的嘟唇效果。

Step2:
同样以裸金色唇线笔描绘下唇中部唇线，强调出丰唇的效果。

Step3:
如果想要唇部显得更加饱满，可以在唇边做适当修饰，即由嘴角往下延伸勾画唇边，呈现中间丰盈饱满的效果。

Step4:
顺着唇形，用唇笔蘸取唇膏均匀涂满双唇，最后在下唇中央点上带有珠光宝石效果的唇蜜。

Case 08 丰润而有质感的米黄色樱唇

樱桃小嘴是美人的标志，也是不少 MM向往的美唇目标。丰润而有质感的米黄色樱唇，华丽而不张扬，健康自然，不仅可以作为日常生活妆，也可以作为职场淡妆。

Step1:
要想营造米黄色的樱唇，首先得给双唇打上一层底色，以盖住本身红艳的唇色，可以选用比自己肤色更明亮的浅白口红来打底。

Step2:
接着用略带粉红的米黄色口红覆盖在浅白的底色上，可以营造出十分有质感的双唇，如同模特般有型。

Step3:
最后选用同色系的唇彩，用唇刷轻轻刷过一层，可稍微在唇中部位加强，让双唇更显丰满柔软。

Finish!

绝对诱惑 丰润绯红樱唇

双唇要够红才诱惑，尤其是性感而柔软的绯红色，更让人忍不住想咬咬。对于一直抱怨唇色过暗的MM而言，用好绯红色，能起到意想不到的效果。绯红色看起来性感而柔软，兼具华丽与女人味，无论约会还是出游都很适合。

Finish!

Step1:
用和唇色同色系的唇线笔勾勒出唇线，只需要勾勒双唇，增加上唇的厚度感，让唇形更丰厚。注意：下唇不用勾勒。

Step2:
用绯红色唇膏涂抹上下唇部。这种颜色夹杂了粉红和橘红色，不会太艳丽，非常适合日妆，又能突显气色。

Step3:
选用透明无色的唇彩，点缀在绯红色唇膏上，使绯红似乎要透出来，更显双唇的丰润和柔软的质感。

迷倒众生 果冻唇

如同果冻一样幼滑细嫩的双唇，是许多少女的最爱。尤其是寒冷的冬季，闪闪发亮的果冻双唇，更能吸引众生的目光。

Step1:
将唇部涂满厚厚的护唇膏，用保鲜膜盖在唇上5分钟后揭开，轻抿一下吸油面纸并按压唇部，将多余的唇膏吸掉，使唇面不要太油。

Step2:
轻轻地在嘴唇上扫一层薄薄的透明蜜粉，增加嘴唇的附着度，再用小刷蘸取与肤色接近的遮瑕膏涂在嘴唇外围。

Step3:
用唇线笔轻轻勾勒唇形，让嘴唇边缘看上去更清晰，也使后续唇蜜不易溢出。

Step4:
用唇刷蘸取适量唇膏均匀涂抹于下唇，轻轻地抿开，让唇膏颜色均匀、自然地黏附于上唇，并用唇刷修饰唇形。

Step5:
蘸取适量亮光唇蜜，点在下唇中央处并均匀推开，上唇用相同手法推开，可加强唇峰部位和下唇中间部位，强调唇部的水嫩感，一个粉嫩诱人的果冻唇妆就完成了。

四步画好 性感咬唇妆

还记得古代的点绛唇吗？用来形容古代美女们双唇中间的一抹红。如今它们有了更加时尚的称谓——咬唇妆，意指精致双唇呈现如同咬过后的红润。

Finish!

Step1:

打底。咬唇妆的打底是为了盖掉唇纹和本色，否则效果出不来，所以打底很重要。首先用无色润唇膏打底，然后用较为滋润的遮瑕膏或粉底来盖住原本的唇色。

Step2:

上色。这里有个小技巧，你可以对着镜子咬一下嘴唇，看看自己习惯咬在哪里，那么就在咬合的区域涂上喜欢的唇色。为了使上色更薄更均匀，建议使用唇刷或手指来完成。

Step3:

抿嘴。涂了唇膏后，为了使得唇膏颜色分布得自然，不过于抢眼，可以抿嘴两次，让下唇的颜色自然地印在上嘴唇。

Step4:

去油。如果你是直接用唇膏涂于嘴唇上，为了使唇色更持久，更自然，可以用面纸把唇部多余油光印掉，直到唇膏全移到面纸上，唇上只留残余色彩即可。

冬季 剔透水嫩唇妆

在萧瑟的冬季，寒冷让美女们将全身上下都包得严严实实，而裸露在外的双唇，则成了美丽的最佳展示品。现在开始，学会描绘出剔透的水嫩唇妆，彻底远离恼人的干燥与唇纹，让你惊艳一冬。

Finish!

Step1:

如果唇部干燥有了唇纹或脱皮现象，可以先给唇部做个简单的护理：在嘴唇上涂抹充分的润唇膏，然后用保鲜膜盖住嘴唇，持续1分钟之后，取下保鲜膜后会立刻发现双唇湿润起来，且更容易去除角质。

Step2:

用棉签从唇部中央向两边轻擦，然后涂上唇部遮瑕膏，遮盖原本唇色。

Step3:

用唇刷蘸取适量的珊瑚色唇膏，由两边嘴角向中间部位轻轻涂抹。

Step4:

用滋润唇膏直接涂抹嘴唇，可多涂一层，增强滋润效果。

Step5:

直接在嘴唇中间部位涂上唇彩，让双唇更加丰润立体。

完美定妆，美丽不留“粉”迹

定妆是完美妆容的最后一步，如何让妆后肌肤看起来更自然服帖，散粉的技巧很重要。

注意下面的散粉步骤，能够魔法般地让面部只放光彩不留“粉”。

Step1:

利用粉扑轻轻拍上一层薄透均匀的粉，宁可少量多次，把最少的散粉量均匀拍打在全脸的肌肤上。

Step2:

轻柔地用指腹将粉扑由下往上轻轻按压，让散粉更加贴合面部肌肤，发挥散粉的定妆作用。

Step3:

用粉刷以放射状的方法，由脸部中央往轮廓外侧清扫，发际线、脸跟脖子的交接处，以画圆方式来回轻刷。一定要轻轻地刷，力度太大会使已经做好遮瑕工作的某些部位糊掉，如鼻翼、眼周等细节处，轻刷一遍即可。

深浅粉底，轻松营造美女鹅蛋脸

想让看起来肉嘟嘟的鹅蛋脸变立体一些，关键就在底妆，通过深浅色粉底即可让面庞立体起来。

粉底的三种色

01 肤色，也就是你皮肤本身的颜色，或是你用在脸上打底的最基本的粉底颜色。

02 浅色，比皮肤或是打底的粉底色浅1到2号的颜色，用在想要掩饰凹陷的地方。

03 深色，比皮肤或打底的粉底色深1～2号的颜色，用在要掩饰凸出的地方。

深浅色巧妙运用

化妆时，一般先用接近肤色的粉底均匀涂抹全脸，修饰整体面部的颜色。然后用较浅色粉底抹于T区，使五官更突出。再用较深色的粉底涂抹两颊、下颌，修饰轮廓，使脸部更秀气，呈现美女级的鹅蛋脸效果。

秀挺鼻妆，让脸立体起来

整形美容医院专家提醒说：“鼻子在脸上占据着重要的地位！”秀挺的鼻梁，让面部五官更突出，那么如何通过化妆来营造秀挺的鼻梁呢？

营造视觉差异

要让鼻子看起来更挺，可以通过鼻影粉来营造视觉上的差异。可以用刷子蘸取适量鼻影粉（眼影粉）涂刷在鼻梁两侧，制造出高耸的效果，使脸部轮廓更有层次。

鼻影粉颜色

不同颜色的鼻影粉会带来不同的视觉效果，一般推荐棕灰色、浅棕色、土红色、褐色等，因为这些颜色比较自然，而且与妆面的颜色相协调。

此外，鼻影粉的颜色也要考虑到眼影的颜色，要保证与眼影自然衔接，不能在颜色上出现断裂感。

巧妙修饰不完美鼻形

鼻子不仅要挺，更主要是鼻形要完美，不同的鼻形有不同的修饰方法。

鼻子过长

鼻子过长使脸形看起来不够柔和，影响美观，所以建议选择较淡颜色的鼻影粉。将鼻影由外向内眼角涂，向下不要延续到鼻翼，另外在画眉时将眉头加画几笔，或在眉头下涂上与鼻影颜色相近的眼影。

鼻子过短

鼻子过短会给人造成圆脸或扁脸的印象。在画鼻侧影时，主要从视线上改变鼻子的长度，增加立体感。首先在鼻侧影处涂深颜色，从下向上将鼻侧影上染至眉尖，向下延染至鼻翼，然后在鼻梁涂一窄条亮色，能够造成鼻子长度增加的感觉。另外，在画眉时，尽量把眉头稍向上抬，给鼻根部留出较高的鼻侧影的位置，起到拉长鼻柱的目的。

鼻梁塌

鼻梁太塌往往给人面部较呆板，五官平庸的感觉。修饰时，可以先在鼻梁两侧涂上阴影色，让鼻侧影上端与眉毛自然衔接，两边与眼影混合，下端与粉底相融合，再从鼻根到眉头抹深棕色眼影，然后在两眉之间的鼻梁上抹一道亮色眼影并晕开，这样阴影与亮色形成鲜明的对比，原来的塌鼻梁就会显得突出起来。

鼻梁大

鼻子的比例过大，也会影响整体美感。所以化妆时最好先将深于肤色的鼻影，从鼻根涂到鼻翼。因为深色具有收缩感，能在视觉上给人以鼻子变小的效果。然后鼻梁和鼻尖上涂浅于肤色的亮色，亮色不要涂得太窄，不然会让鼻子显得更大。

鹰钩鼻

鹰钩鼻鼻根高，鼻梁上端窄而突出，给人冷酷的感觉。最好在鼻梁两侧涂淡色鼻影，使其收敛，鼻梁上端过窄的部位涂亮色使其显宽，然后在鼻梁突出的地方用深色粉底适当修饰，这样可以降低鼻子的高度。

胭脂粉 &腮红膏

腮红是营造红润肌肤的最佳道具，不管是粉状或膏状的腮红都能够呈现出美丽的双颊和华丽质感，因此应根据每个人的肤质和妆效需求选其所需。

胭脂粉

胭脂粉又叫粉状腮红，只要以刷子轻轻蘸取，再刷在颊上即可，但是一定要选用优质腮红刷。与膏状腮红相比，粉质腮红能帮助你抑制一部分油光，但也不要扫得过多，否则红粉会浮在脸上，看上去像戴了面具。适合油性肤质及混合性肤质。

腮红膏

腮红膏呈膏状，比粉状腮红更方便，只需要用手指或海绵蘸膏状腮红后，以画圈的方式均匀地推开涂抹，即可拥有自然的妆效。膏状腮红中含有油脂成分，正好可以满足干渴的肌肤需求，同时能很好地服帖于肌肤表面，妆效持久。所以特别适合干性肤质、混合性肤质及隆重场合。

百媚腮红 平添好气色

要想打造白里透红的健康美妆，腮红功不可没，所以正确打腮红，也是美妆必修课。

胭脂粉

选择与肤色相近或是配合特殊妆效色调的胭脂粉。先用大号胭脂刷蘸取适量的胭脂粉，以由内向外画圈的手法，扫在颧骨突出来的部位上向耳朵处轻轻涂刷，抹开成腰果形状。

腮红膏

首先最好找到腮红的涂抹范围，如果不确定，可以轻轻咧嘴微笑，两颊上颧骨突出来的部位就是标准的胭脂位置。涂抹时以指尖蘸取少许腮红膏点在此处，巧妙地运用指尖轻轻推匀，并用手指指腹以画圆圈的方式将腮红膏均匀地往外推抹开来，直至色彩渐渐消失为止，即刻呈现自然红晕的脸色，一点都不落俗。

Case 07 看腮红与肤色如此亲密

肤色与腮红色从来都是黄金搭档，根据肤色，才能帮你挑选最佳的腮红色。

白皙肌肤

白皙肌肤具有天生的优势，在选择腮红颜色的范围上还是比较广泛的。一般粉色、浅桃色的腮红都是白皙肌肤MM的首选，这些颜色会使肤色显得自然健康，可以给原本白皙的肌肤带来自然的红润，使人显得粉嫩可爱。为美丽加分。

偏黄肌肤

金棕色、玫瑰色、亮粉色是偏黄肌肤MM可以考虑的颜色，因为它能中和肌肤本身的厚重感和不太健康的颜色，令人看上去健康活泼。不过如果肤色偏红则尽量不要选择玫瑰色胭脂，否则看上去像喝醉酒似的，红红的不自然。

小麦肤色

橘红色、橄榄色和深桃红色的胭脂都比较适合小麦色肌肤的MM，而且大多数健康肤色的MM也喜爱金棕色系的眼妆，配合橘色胭脂又能与金棕色妆容相得益彰，看上去个性十足，非常抢眼。还有深桃红色胭脂，俏丽而不失庄重。

晦暗肌肤

大红色、酒红色和深紫红色的胭脂比较适合肌肤晦暗的MM，这些色系看似有些夸张、成熟，但其实用在晦暗肌肤的MM脸上，无需遮盖肤色，就能提亮晦暗的肌肤，还能增添红润的气色，看上去更加亮丽。另外，酒红色胭脂尤其适合灯光明亮的场所。

Case 08 不同脸形的红色诱惑

画腮红不仅可以增加脸部肌肤的红润感，还能起到整体修饰的作用，看看不同脸形的腮红技巧。

长形脸

长形脸MM应在笑肌处以画圆的手法将腮红刷在脸颊的正面，然后由水平方向呈椭圆式刷至耳朵处，再将腮红刷上多余的粉末，刷于额头及下巴等部位，使脸看起来更加圆润。

圆形脸

圆形脸MM应从视觉上拉长脸部轮廓，所以在画腮红时应尽量用直线条来增加脸部的修长感，即将腮红以斜线的画法，由颧骨往脸中央刷。

方形脸

方形脸MM要打破脸部的生硬感，必须以圆线条来增加脸部的柔和感。可以将咖啡色系腮红以画圆的手法，由颧骨往鼻子的方向刷，并在T区部位使用淡色腮红打亮，突出五官的立体感，使整个面部轮廓更加和谐。

Case 09 焕彩珠光粉，惊艳无限

珠光粉饰底乳中含有微量的珠光，能隐身于细纹和毛孔中，粉底配合珠光饰底乳更能增加肌肤的通透感，让惊艳值飙升。

01 用带有珠光的饰底乳大面积地点在下眼周围，再用指腹往下轻轻推开，推到颧骨处。

02 将少量的珠光饰底乳点在T区部位，用同样的手法轻轻推开，推匀，脸部立刻显现出透亮的立体感。

03 用手指蘸取粉底液，用指腹将粉底从T区部位往两颊均匀涂抹整个脸部，再使用海绵，轻轻按压整脸，让粉底与肌肤很好地融合，更加服帖，能起到很好的遮瑕效果。

04 用粉扑蘸取带点珠光的散粉，轻轻按压在容易出油的部位，如鼻翼、眼下方、两颊侧边发际处即可。

Chapter 07

找对风格，快速搞定场合妆

优雅宴会妆

优雅宴会妆

宴会一般在华丽的灯光下举行，所以整个妆面要比日光下更加明亮，简单几步教你装点出贵气的优雅宴会妆容。

Step1:

用深浅两种不同的液状粉底化出自然立体的妆效，这样可以体现出沉着高雅的格调。

Step2:

眼部妆容的重点是要营造出层次感与立体感。用珍珠系银色眼影涂于上下眼睑的眼角到瞳仁处并晕开，上眼睑眼影向眉梢方向晕开，增加眼睛明亮感，然后从眼睑中央到眼角用灰色眼影来定眼形。另外，眼线、眉毛、睫毛膏尽量化得清晰即可，最后在眼下及鼻梁的T区扫上明亮色，使整个妆面更加立体。

Step3:

用唇刷蘸取茶红色的唇膏均匀涂抹双唇，稍等几分钟后再使用唇蜜，让唇部看上去更加性感动人。

娇嫩水果妆

娇嫩水果妆

水果妆常常带来可爱与甜美的诱惑，运用水果般缤纷的色彩和清透的质感，就能帮你营造出绚烂迷人的娇嫩水果妆。

01 将粉底液涂于面部，用指腹的温热感推匀，再用海绵轻推，与肌肤完全贴合，营造轻盈透明的肌肤，并用透明散粉定妆。眉形不需要刻意描画，用眉刷蘸取棕色或浅灰色眉粉，顺着眉形淡淡描绘即可。

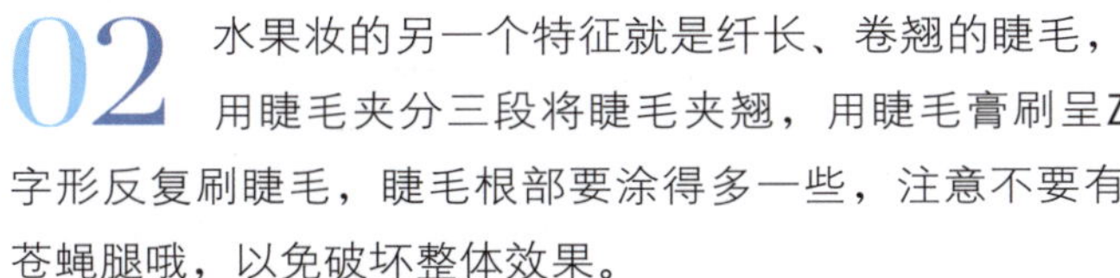

02 水果妆的另一个特征就是纤长、卷翘的睫毛，用睫毛夹分三段将睫毛夹翘，用睫毛膏刷呈Z字形反复刷睫毛，睫毛根部要涂得多一些，注意不要有苍蝇腿哦，以免破坏整体效果。

03 根据个人着装选用浅柠檬黄、草莓红、苹果绿或葡萄紫等颜色的眼影，依据不同眼形来确定眼影的描绘方法。在眼角和眉骨处刷上银白色珠光亮粉，增加其亮度和立体感。

04 清新水果妆不需要画唇线，越自然越美丽，将带闪的有光泽的唇彩或唇蜜涂于唇部，稍微加强唇的中间部位即可。

05 在眼尾下方到颧骨处扫上浅色腮红，并用银白色亮粉轻轻扫过，营造水果般的透彻感和光泽感。

知性职场妆

对职场女性而言，大方得体的妆容更有助于事业的发展。如何打造知性的职场妆，下面三个步骤非常重要：

Finish!

Step1:

在面部侧面涂上影色，突出整体立体感。选择比肤色深1号色的粉底，修饰肤色，再用大修容刷把下颚以下涂暗，使整个脸部轮廓凸显出来，将影色晕染在颈部上端，这样颈部较粗或较短的人也能将脸部轮廓很好地展现出来。

Step2:

使用高光让面部更立体。利用高光来增强面部的立体感，如果采用强光就会喧宾夺主，那么略带黄色的象牙色高光就是很好的选择，可以让影色的效果更加明显。

Step3:

巧妙腮红制造光和影的完美融合。选择柔肤性的黄色系粉色腮红，能给肌肤带来高雅的光泽感，并具有很好地遮盖灰暗皮肤和色斑功效，又能营造出面部清爽利落的感觉。

Finish!

Case 04

俏皮街妆

外出逛街，也别忘了以最美的妆容示人。个性而俏皮的妆容，能为你赢得超高的回头率，让你拥有阳光般的好心情，shopping更加尽兴。

Step1:

用适量液状粉底混合隔离霜打底，给外出的肌肤做好基础保护。然后用眼线笔勾勒眼睛轮廓，并在眼尾处适当拉长。

Step2:

用眼影刷大面积涂抹棕色眼影，打造出自然深邃感，再用小眼影刷在眼尾处涂深色眼影，让眼睛更加妩媚。

Step3:

用睫毛夹将睫毛夹卷翘，用睫毛膏刷呈Z字形将睫毛尽量往上刷，涂抹下睫毛时，要竖起睫毛膏刷头小心涂抹，营造浓密感。也可以在眼尾部粘贴单株假睫毛。

Step4:

将粉红色的腮红打在苹果肌上，淡粉色的唇膏也很适合逛街的哦。

时尚运动妆

Case 05 时尚运动妆

时尚健康女性更崇尚运动，所以运动时的妆容技巧也是必修的化妆课。不过由于运动时皮肤容易出油和出汗，所以运动妆的重点应放在眼部和唇部。

01 自然底妆。运动妆的底妆强调自然轻薄。一般要选用具有防晒效果的液体粉底，或者将液状粉底混合少许防晒隔离霜，薄薄地涂在肌肤上，在两侧下颌骨、颧骨和鼻侧等部位加上一层深肤色粉，使脸部立体生动。如果你的皮肤天生就很好，最好不涂粉底，只需要用遮瑕笔遮盖一下黑眼圈、小斑点就可以了。

02 防水眼妆。用米黄、浅棕、淡绿、肉粉等色调眼影膏，配合柔和的带闪亮粉刷满上眼睑，使眼部看起来洁净而明亮。再用防水眼线笔或眼线液细细描绘，眼尾稍上扬，眼睛看上去更有神采。注意尽量少用粉质眼影，以免流汗后脱妆。

03 本色唇妆。不需要描绘唇形，否则运动时会显得很不利落，运动唇妆只需要回归本色，选择接近唇色的唇彩，如浅豆沙、粉红等，在涂过润唇膏后，用唇刷均匀涂抹即可。

Chapter 08 防止脱妆的黄金定律和快速补妆技巧

避免浮粉和定型眉色

精心化好的妆面，坚持的时间过长，难免会因为某些原因而遭到损坏，等着汗水、油光爬上你的脸，妆面厚薄不均，也就是脱妆。尤其是炎热季节或者油性肌肤，更容易因为脱妆而影响魅力值。掌握下面的黄金定律，能有效防止脱妆，让美丽更持久。

避免浮粉

底妆时要做到不浮粉，才能避免皮肤分泌的油脂弄花妆容。所以如果你是用粉底霜或粉底液上妆，最好采取海绵垂直轻按的方法，让粉底与皮肤更加融合，粉底也会更持久，若是采用推擦的方法就比较容易脱妆。

定型眉色

每天画眉妆，担心的就是眉妆会掉落、淡化，要眉妆一直精神，一定要做好眉色定型这一步。可以用细的眼影笔蘸点水，蘸点眉粉或眼影粉，顺着眉毛生长的方向和形状轻轻描绘。因为少许的水分，可以让眉粉更轻易地固定在眉毛上。

不脱眼影和让眼线持久

不脱眼影

眼妆由于色彩浓密，所以更容易脱妆。想让眼影更持久，那么在眼皮上也别忘了上一次粉底。然后用眼影刷和眼影棒蘸取少量的水，蘸取眼影粉并以按压的方式上妆，使眼影粉更服帖，颜色更自然。

眼线持久

如果你的眼线笔不防水，那么就要在使用眼线笔后，在眼线上再刷上一层眼影粉，这样眼线会更持久些，也可以在用眼线笔之前，先在眼线部位上一层散粉，同样可以达到持久的效果。

腮红定彩 和让口红恒艳

腮红定彩

一般膏状的腮红会比粉状持久，所以将膏状与粉状配合使用，即可达到最佳效果。具体方法是：用手指蘸取膏状腮红，淡淡地在颧骨处晕开后上一层散粉，最后在膏状腮红上扫一层颜色接近的粉状腮红。

口红恒艳

口红是唇部化妆单品中最持久的，但是难免也会有晕开的时候。

为了使口红不晕开，可以先用唇线笔画出唇形，再涂上唇膏，轻轻抿嘴让唇膏与双唇融合后再上一层散粉，接着再涂一次唇膏，最后用眼影刷蘸取和唇膏颜色近似的腮红或眼影粉，涂于双唇，不但能令唇妆持久，还能营造出粉质感的唇部彩妆。

快速补妆 必备工具

补妆是十分重要的程序，千万不能随意对待。当妆容出现损坏时，切勿直接使用粉扑压在出油处，也千万不要用面纸直接擦汗，那样会将粉末和汗水、污垢都混在一起，让你的妆容糊成一团。正确的补妆，首先应该备好必要的补妆工具。

双色或三色组合眼影

组合眼影的好处就是颜色有多种选择，比起单色眼影来说，组合眼影能更加灵活地适应你随时的需求。无论何时何地需要补妆，都可以用组合眼影来修补眉色，改变眼影的颜色。

小化妆刷

每个女性都应该在化妆包里随身携带小型化妆刷，在需要补妆的时候随时使用，如果条件允许，最好携带一个以上，而且平时要注意清洗。

吸油面纸

吸油面纸是将脸部泛出的油脂抹净的一种纸巾，它可以帮助吸去油光，轻松上妆，只需抽出一张，在T形区、两颊轻轻一按，即可吸走恼人的油脂。目前市面上的吸油面纸有许多种类，比如胶质、粉质、清洁和吸油二合一等。一般油性肌肤最好选用胶质，其吸油效果较好；而干性肌肤或中性肌肤，则选择粉质即可。质量好的吸油面纸，看上去纸质比较细腻，不会擦伤皮肤。

湿纸巾

当忘记携带吸油面纸时，湿纸巾可以成为临时的替代品，但一定要选择明确注明可以用来清洁脸部的产品。湿纸巾一般用于洁肤和护肤，分为无香和有香型的，其中无香型是较佳的选择，它比有香型的刺激性更小，对皮肤的影响较小。在使用时，最好避开眼睛和皮肤破损处。

定型散粉

由于流汗等情况导致妆容的损坏，大多数情况下都需要通过定型散粉来补救。用吸油纸吸去油光后，轻沾少许散粉，将妆容重新修饰完美。

化妆棉签

由于流汗等情况导致妆容的损坏，大多数情况下都需要通过定型散粉来补救。用吸油纸吸去油光后，轻沾少许散粉，将妆容重新修饰完美。

小型睫毛夹

外出时间过长，眼睛会显得疲惫无神，不妨带上小型睫毛夹，用它将眼尾部分的睫毛夹起，能让你的双眼恢复神采。

快速 补妆技巧

如果妆容已经花了，这时候最重要的是如何在短时间内补妆，让你美丽依旧。

补救底妆

Step1:

在补妆前用面巾纸轻轻按压整张脸，让汗水自然地吸附在纸巾上。

Step2:

将带粉质的吸油面纸轻轻按压整张脸，将脸上的浮粉、残妆彻底吸除。从最易出油的鼻子、额头、下巴开始，轻轻按压。如果没带吸油面纸，湿纸巾也可以。

Step3:

处理完汗水、残妆后，就可以用干湿两用粉饼给面部补妆了。将粉饼里的海绵用水蘸湿，拧成八成干，用轻压的方式蘸粉，从脸颊、额头、下巴、鼻子、嘴角、发际到人中的部位顺序涂抹，这样处理过的妆容自然又轻薄，一点也看不出痕迹。

补救唇妆

Step1:
用干净的化妆纸或纸巾放于双唇之间，抿一下嘴，将唇部残渣擦拭干净。

Step2:
用肉粉色唇膏涂上薄薄的一层，再用指尖轻轻按压，使双唇更好地吸收色彩。

Step3:
用唇刷蘸少量的唇彩，刷在唇部中央，并轻轻晕开即可。

补救眼妆

Step1:
将晕染的部分擦拭干净，再用棉签蘸取少许卸妆乳液，将眼睑晕染的睫毛膏、眼线、斑驳的眼影轻轻擦拭干净。

Step2:
扑上散粉后，把粉扑对折，用折角按压下眼睑细微部位，并把刚才擦掉的粉补上，注意不要将粉沾在睫毛上。

Step3:
用眼影棒蘸取少量眼影，轻轻涂抹即可，不要涂得过多，会显得很厚重。

瞬间改变命运，教你轻松打理时尚发型

Chapter 01 搞定发型 必不可少的魔法道具

Case 01 美发必备工具之 吹风机

对于吹风机，很多MM是又爱又怕，既想用吹风机吹出美丽动人的发型，又怕大风无情地带走秀发里的水分，导致头发干枯如草。其实，只要你了解吹风机的脾气，合理使用，吹风机不仅能将对头发的伤害减到最低，还会为你所用，造出千变万化的发型。

要让吹风机为你所用，首先要在选购上花心思，选一款“破坏性”最小的吹风机。市面上吹风机种类繁多，但只有恒温吹风机和负离子吹风机最为可靠，它们能有效控制温度，减少高温对发丝的伤害。

其次要控制好吹风机和头发间的距离。这个距离最好不少于10厘米，切忌吹风机“亲吻”发丝，否则吹风机风口很容易被堵塞，头发也可能被烧焦。

最后要掌握使用吹风机的技巧。吹风机在使用过程中，要不断摇晃，不要让风口对着一个地方吹，否则局部温度过高，很容易伤害头发。

Case 02 美发必备工具之 美发梳

或许有些人认为，只要是梳子都可以用来梳头，所以一把梳子足矣。但实际上，不同的梳子会对头皮和发型有着不同的作用和影响。梳子和头发不搭配，就会经常“打架”，不是头发受伤，就是梳子“夭折”，损失惨重。因此，你不妨试试根据自己的发型、发质，多挑选几把属于自己的梳子！

〔**阔齿梳**〕在洗发前、洗发中、日常梳发中都可以使用，可以有效减少头发拉扯的频率。

〔**造型梳**〕专门用来做造型，上半身梳齿密而细，下半身把手直而尖。

〔**发雕梳**〕可用来做造型或给头发涂抹营养品。

〔**鬃毛梳**〕适合睡觉前清理头发上的灰尘、皮脂腺等脏物。

〔**九排梳**〕适合头发微卷或头发厚重的人用来做造型使用。

〔**圆铝梳**〕任何发质的人做发型时都可使用，尤其是使用吹风机时最为恰当。

〔**大板梳**〕可梳通发丝、按摩头皮，很适合平时给头皮按摩时用。

Case 03 美发必备工具之 直板夹

垂直如瀑布的一头长发，是许多青睐直发美女的终极目标，而对于头发不够靓丽直顺的MM来说，直板夹可以帮助她们轻松实现这一美丽愿望。

〔**用力要适度**〕如果用力不当，直板夹会将头发拉得太过直硬。如果想要制造蓬松、柔顺的直发造型，可将夹直的头发在发尾处，手腕用力内扣往颈部方向用力，就可造出内弧形直发。

〔**用力要讲究技巧**〕如果手腕用力向外，即可形成翻翘的直发，自然又不失美感。拉直头发最好是在头发微湿的状态下，这个时候的头发最易改变原本的状态。

美发必备工具之 卷发棒

卷发棒无疑是卷发美女的法宝，有大号和小号之分，大号卷发棒直径较大，做出的大波浪更加妩媚、性感，而小号卷发棒则可用来局部加强卷曲，或是打造玉米穗等密集卷曲的花纹。使用卷发棒的方向不限，横竖均可。

〔打造“外翻卷式卷发”〕 可将头发沿着外围的方向卷。

〔打造“内翻卷式卷发”〕 可将头发沿着脸部方向卷。外翻卷较之内翻卷稍显成熟，做造型时可根据个人喜好来定。

美发定型产品之 啫喱

啫喱水和啫喱膏是发型定型产品中的“红星”，和发蜡一样。啫喱水和啫喱膏不会产生白屑，而且保湿、定型效果都很好。使用上较之发蜡更方便，只需轻轻一喷，想要定型的发丝立刻就“定”住了。最难能可贵的是，它们可放在包包里随身携带，因它们具备减少头发静电的功能，可作为保养头发、增加头发亮泽的工具使用。

美发定型产品之 发蜡

发蜡是许多专业美发师必不可少的用品，主要用来处理发根和毛糙的头发表面，使用也很方便，只需取一点在手心里揉搓均匀，然后直接涂抹在需要定型的发丝部位即可。发蜡主要有三种：透明型、彩色型和泡泡型。

〔透明型〕 最为常见，定型效果好，且损伤头发指数低。

〔彩色型〕 多用来给头发上色定型，参加舞会很适合。

〔泡泡型〕 长相酷似摩丝，定型效果比透明发蜡和彩色发蜡都好，但因其含有大量化学物质，所以对头发的刺激性最大。

美发定型产品之 摩丝

摩丝具有很高的定型、保湿功能。摩丝中含有一种叫做膜剂的物质，因为构成这种物质的原材料不同，打理出的头发效果也各不相同：有的摩丝能让发型长时间定型，但摩丝干后很容易形成白屑；有的摩丝不会产生白屑，可定型效果又很差。虽说摩丝的生产技术在不断进步，然而到目前为止，还没有一款摩丝能定型效果好又不会产生白屑，所以摩丝一般只适合那些头发很硬、很难做造型的人使用。

美发定型产品之 发胶

发胶有两种，一种是帮助保湿的柔性发胶，一种是用来定型的“加强型”发胶。柔性发胶多被头发厚重、过于蓬松的人使用，用后可以给人湿润的感觉，让头发显得稍微柔顺、服帖一些，且可增加头发光泽；定型产品不会让头发看起来湿润，但有着超强的定型效果，如果想要做个性的小短发，或是有很难做造型的头发，都可请发胶帮忙。

美发日常道具之 刘海夹

刘海可谓发型的“门面”，但刘海不具备其他部位发丝的长度和随意性，所以单靠发梳很难做出立体感十足且有一定弧度的刘海。这时不妨使用刘海造型夹，小饰品店都有卖，使用上非常方便。

第一步： 用水将前面的刘海打湿。

第二步： 顺着刘海的方向夹上刘海造型夹。

第三步： 用吹风机对着刘海造型夹吹，直到头发变干为止。

第四步： 待头发冷却后，摘下刘海造型夹，漂亮又有弧度的刘海就“出炉”了。

美发日常道具之 神奇干发帽

每次洗完头发，不希望湿答答的头发搭在脖子上，但又不想总借助吹风机的力量让头发快速变干，怎么办？找神奇干发帽帮忙就可以了。这种帽子使用超细的复合材料制作而成，吸水速度比普通毛巾快5倍，无论短发还是长发，都可让头发迅速变干，且没有伤发的烦恼，使用上也很简单。

第一步： 将干发帽撑开，让头发自然下垂，然后将有纽扣的那一端套在头上。

第二步： 逐步将头发全部塞进干发帽中，然后和干发帽一起螺旋盘好。

第三步： 拉住帽子另一端的绳子，扣在干发帽头顶后上方的纽扣上。

Chapter 02

发型、脸形完美搭配，最有女人味

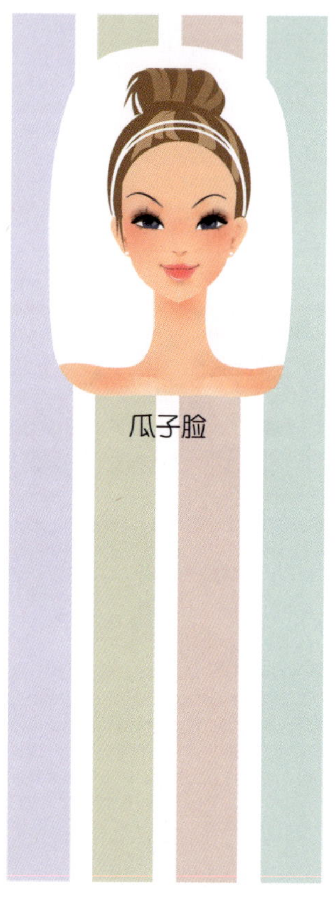
瓜子脸

Case 01 发型&脸形：瓜子脸

瓜子脸的判断

瓜子脸是最理想的脸形，有点类似西瓜子。判别自己是不是瓜子脸，方法很简单：首先量脸长，量出从上额头到下巴的距离，然后平分成三段，从额上发髻到眉毛的水平线之间的距离，约占整个脸长的1/3；从眉毛到鼻尖又占1/3；从鼻尖到下巴的距离同样占1/3。然后测脸宽，即两脸颊间最宽的距离，整个脸长约为脸宽的1.5倍，下巴尖而不锐，整个脸形呈倒立的鸡蛋状。

瓜子脸的发型重点

瓜子脸可以“百搭”，做任何造型都很漂亮。但东方人面部比较扁平，想要发型360°完美，可以在头顶上下点工夫，采用头顶蓬松的造型，让发丝更有层次感，弥补立体感不足的缺陷。

推荐发型1

01 将头发分成几个区，用大号卷发棒分批次地将头发的下部分夹卷，制造出蓬松大卷的效果。

02 卷好的头发任其自然披在肩上，抓起头顶的一小束头发，用造型梳逆向倒梳，使头顶的头发更蓬松。

03 轻轻向后梳理头顶的发丝，并抓起剩余的已经卷好的头发，在脑后轻轻的扎成马尾。

04 用造型梳挑松头顶的头发，再给整个发型喷上定型产品，这款既可突出发型美，又可突出脸蛋美的发型就完成了。

推荐发型2

01 将刘海用橡皮筋扎好，后面的头发分成四个区，左右耳朵后面各一区，正中间和正下方各占一区，用橡皮筋扎好。

02 用垂直卷发的方法，用大号卷发棒从头发的外层到里层开始卷发，卷发器距离脸部一个手掌的厚度。

03 重复同样的动作，依次按顺序卷好剩下的头发，但刘海处始终不要动，头顶的发丝挤出一个圆圆的拱圈，并用发卡固定。

04 当头部被满头的卷花盖住的时候，解开刘海处的橡皮筋，用大圆形梳子旋转地梳理前面的刘海，先向下梳再向上翘起，这样刘海就会呈现羽毛般的轻盈感。

05 整理一下做好的发型，让两边的头发拥在脸部周围，最后抹上定型产品，就完成这个适合瓜子脸的发型了。

Case 02 发型&脸形：圆形脸

圆形脸

圆型脸的判断

比瓜子脸次之的是圆形脸，这种脸形往往给人“婴儿肥”的可爱感，有一种天然的亲和力。判断方式是：对镜自照，上额的发际线呈圆弧状，两脸颊间的距离较宽，下巴短且圆润，整个脸犹如一个完整的字母“O”。

圆形脸&发型重点

圆形脸的立体轮廓感不强，因此在做发型时，应多做拉长脸部的发型，减少脸部圆的感觉，从而让脸形更靠近瓜子脸。圆形脸做造型时可增加发顶的高度，以达到拉长脸部的效果，增加美感。在刘海上，可采用侧分的方式，尽量避免中分，一分为二的发型会让脸部看起来更大。垂直向下的发型是个不错的选择，直发可在视觉上减弱圆脸的宽度，一些波浪形的发型也值得尝试。

推荐发型1

01 将头发梳清理顺，留出刘海，用发夹固定。然后将剩下的发丝平分成上下两部分。

02 提起上面的发丝用吹风机鼓吹发根，让发丝更具蓬松度。

03 用卷发棒竖向夹卷下部分发丝，让夹卷的长度不一致，使之具有一定的层次感，修饰脸部线条的不足。

04 放开刘海，稍稍打理，喷上定型产品，即可达到削减下巴的效果啦!

推荐发型2

01 洗发后发丝未全干时，将发蜡均匀抹在发尾，用吹风机或快速干发帽将头发迅速弄干。

02 用手随意将头发三七分，淡化发际线。分开的头发分别用发夹固定，刘海随多的部分偏斜。

03 用大号卷发器将头发沿着发根向上卷曲，只要卷到发丝中间即可，不要太靠近上端。

04 所有头发卷好后，轻轻将卷好的花纹拉扯弄散，喷上定型产品，这样可使脸部变小，下巴变尖。

Case 03 发型&脸形：方形脸

方形脸的判断

方形脸又称国字脸，脸形呈四四方方的“口”字，下巴和上颚都很宽，脸部线条刚硬，看上去少了几许女人味和柔和，有点偏中性色彩。判断自己是否属于方形脸，可测量自己脸部横竖的距离，如果从上额到下巴的垂直距离，和两颊间的距离相差不超过1厘米，说明自己是标准的方形脸。

方形脸&发型重点

对付方形脸，发型应以圆破方，以柔克刚，使脸部线条柔和生动。将头发编成发辫盘在脑后，或是将头发做成不对称、有点类似小碎发的发型均可，使人们的视觉因为发型线条变得圆润，而减少对脸部正面的关注。方形脸的人要避免留直短发，在刘海上，也可以采用不对称的刘海，以淡化宽直的前刘海线条，同时可以增加纵长感。方形脸的人切忌留齐刘海，也不宜不留刘海，让额头暴露在外，否则脸部形状一览无余。

推荐发型

01 将刘海用吹风机吹蓬松，后面的头发暂时用橡皮筋固定。

02 放开后面的头发，将除了刘海以外的头发分成上中下三部分，分别用发卡固定。

03 将最下层的头发横向向内卷，可增加下巴的厚度，平添几分妩媚感。

04 将中间的头发也横向向内卷，增加厚度。

05 最上面的头发横向向外卷，与下面的头发方向相反，才不会有脸部被框住的感觉，减少脸部沉闷感。

发型&脸形：长形脸

长形脸

长形脸的判断

长形脸总是给人严肃、不开心的感觉，从外形上看，有点像被人拉扯过一样。这种脸的判别方式是双颊细窄，脸部宽度明显小于纵向长度，脸颊下陷。有这种脸形的人很多，像前额在整张脸中比例过大、鼻子在纵向直线比例中太过长、下巴明显太长等，都可算是长形脸。

长形脸&发型重点

想要缓解因为脸长而形成的严肃感，可选择优雅可爱的发型，尽量制造出瓜子脸的视觉效果。缩短脸长、增加脸宽是重点，因此在选择发型时，要压抑顶发，使头顶的头发平整不起伏，前面的刘海宜下垂，使脸部变得圆润一些，同时增加两边头发的厚度，以弥补脸颊上不丰满的缺陷。将头发做成卷曲波浪式，是长形脸人的最佳选择，既可增加优雅的品位，又可遮住过长的脸颊，更显柔美。

推荐发型

01 将头发用直板夹拉直，然后分成前后左右四个区，并用发卡固定好。

02 先扭转后下区的头发，并用U形发卡将其固定在后脑处，发尾朝上。

03 不要借助梳子，直接用手将两侧的头发向后脑勺的中心位置抓，抓时不要太用力，可边抓边将头发向前推，之后多余的发丝也用小发夹固定。

04 当后下方、左边、右边的头发汇集到一起后，用梳子倒刮那些头发的发尾部分。

05 放下头顶的发丝，使之覆盖之前扭转的头发，梳平头顶处的头发，然后稍加整理，并喷上定型水，这个可将脸部变得圆润的发型就完成了。

发型&脸形：菱形脸

菱形脸的判断

菱形脸较之以上几种脸形，比较没有规则，但拥有这种脸形的人不少，因此也要了解其判别方式。其特点是前额和下巴较尖窄，颧骨较宽，两脸颊较消瘦，脸形的中间部分最宽，脸形的上半部分为正三角形，下半部分为倒三角形。

菱形脸

菱形脸&发型重点

菱形脸的人打理发型时，应注重如何制造缩小颧骨比例的效果。因为菱形脸上下形状正好相反，所以打理发型时，上半部可按照正三角形的方法打理，下半部则按照倒三角形的方法打理，也就是将额头上方的头发拉宽，额头下部的头发逐步紧缩，并且在靠近颧骨的地方，设计一种有弧度的卷曲或波浪式发型，即可遮住其突出的颧骨了。另外，菱形脸的人尽量不要让脑门暴露在外，否则会让颧骨看起来更宽。

推荐发型

01 刘海用发卡固定，剩余头发分左右两区。

02 用卷发棒竖向、向脸颊方向内卷左边发丝，从发尾开始卷到颧骨处停止，能起到明显修饰作用。

03 右边的发丝同样处理，卷好的头发披在肩上，用手指将发卷轻轻打散，使之更具自然感。

04 放下刘海，用美发梳梳理，然后用吹风机从刘海内面向外吹，使刘海具有一定的弧度。

05 稍稍整理发型，然后喷上定型产品，就可让这个发型保持得更长久了！

发型&脸形：梨形脸

梨形脸

梨形脸的判断

梨形脸和秀气的瓜子脸统称为“三角形脸”，但它们之间却有着天壤之别，活泼可爱的瓜子脸很招人喜爱，可很少见的梨形脸，因为上细下粗，整个脸形呈现标准的正三角形，通常会给人富态、迟缓、木讷之感，所以让这种脸形的人很是发愁。

梨形脸&发型重点

梨形脸的人在打理发型时，应尽量让颧骨处的头发贴近头部，颧骨以上和以下的头发尽量蓬松，两侧的头发弄到前面来，整体层次拉高一些，刘海要饱满，这样才能让整个脸形看起来饱满，有瓜子脸的灵动感。

推荐发型

01 洗净头发后，用吹风机吹干，使之具备一定的蓬松度，尤其是发根部位要多吹一下，最好能让其有拉高的感觉。

02 将头发分成左右两边，用卷发棒竖向、向内卷曲头发，卷曲时不必卷至发根处，只需卷到头发的2/3处，也就是颧骨处为止。

03 用手轻轻拉扯卷好后的花纹，使之具有一定的层次感，和起起伏伏的卷曲度。

04 刘海处用造型梳卷起两圈，然后用吹风机由内向外吹，使刘海更饱满、厚重。

05 整理头发，并喷上定型产品，这款柔情的大波浪卷加上垫高的发丝，就会让你的整个面部轮廓变得生动起来。

Chapter 03 完美造型让你更显俏丽

Case 01 盘发造型 倾心舞会款

必备工具

发卡、橡皮筋、卷发棒、定型啫喱。

Finish!

扮靓秘笈

高高筑起的“花苞”，能够充分演绎出女性娴熟、妩媚的一面，在参加舞会时做此装扮再适合不过啦，可大大提升魅力指数！

Step1:

留出刘海的部分用发卡固定，并抠出头顶处的几缕发丝垂落在耳根旁，剩下的头发全部抓起，扎成一个高马尾。

Step2:
利用卷发棒随意地卷曲垂落在耳根的发丝，之后以外翻卷的方式，仔细卷曲马尾的下半部分。

Step3:
将马尾上的发丝分成若干束，分批次将马尾向上提拉、绾起，使之卷成凌乱的“花苞”，并沿着“花苞”的外围依次卡发卡，让“花苞”牢牢固定在头上。

Step4:
马尾全部处理完后，再牵起垂落在耳边的两缕发丝，松垮地卡在凌乱的花苞上。之后一手摁住花苞正中心，一手轻轻拉扯花苞上的碎发，使花苞更有立体感。

Step5:
稍微整理一下四处突出的发尾，喷上定型啫喱，放下刘海，这个简单的盘发就大功告成了。

Case 02 盘发造型 清爽OL派

必备工具

润发素、吹风机、电热卷发棒、定型啫喱。

扮靓秘笈

想美丽出众，又不用早起操心，随心自然的半盘发，清爽且充满亲和力，让上班心情如此惬意。

Step1:
在头上涂抹些润发素，再将发根处涂抹些许软性发蜡，之后用吹风机对着发根吹，让发根直立，烘托出发丝的厚重感，却又不会显得毛糙。

Step by Step!
跟我这样做！

Step2:
分出刘海部分，暂用小发卡固定，并用卷发棒将剩下的所有头发夹卷。

Step3:
自两耳尖开始，用尖尾梳在头顶正中处画横线，将头发上下两分，上面头发用发卡固定在头顶百会穴周围。

Step4:
下部分头发分左右两边，左边头发紧紧向右上方拧转，在头顶正中形成一个稍凌乱的发髻，并沿路下发卡，让发髻稳定。

Step5:
零星牵起右下方几缕发丝，随意扭转，捏住发尾用小发卡固定在发髻周围，打造稍显凌乱的轻松感，并喷上些许定型啫喱就搞定了。

Finish!

Case 03

绑发造型 青春活力派

必备工具

发卡、橡皮筋、定型啫喱。

扮靓秘笈

在刘海上做点小动作，不仅立体感强，且更能彰显发型的帅气，打造青春逼人、活力无限的美感。闲暇时逛街、纪念式约会都可这样装扮。

Step1:

将所有头发梳清理顺后，留出刘海部分，之后用尖尾梳从右耳到左耳画出界线，将全部的头发分成上下两部分。

Step2:

上部分发丝用橡皮筋固定成马尾，固定前，可用手触摸检查分界线是否呈直线，避免出现左高右低，或左低右高的情况。

Step3:

一手摁住橡皮筋，一手用力扭转上扎好的马尾，使之变成麻杆状。注意摁住橡皮筋的手一定要用力，否则原来的马尾发辫会越来越紧，易伤及发根。

Step4:

顺着扭转的力量，将扭转的马尾盘成高高的发髻，发髻围绕在橡皮筋的周围，留出马尾的发梢部分，在发髻的周围下发卡。

Step5:

用尖尾梳倒刮头发的发梢处，注意用力不要过猛，以免扯乱发型，直到发尾出现浅浅的碎发形状，突出发型的自然感觉。

Step6:

双手将刘海分缕扭转，每扭转一次，需要捡起剩下的刘海发束，加入到扭转的发丝中一次，之后成功的斜刘海才会具有清晰的纹路。

Step7:

用发卡将刘海隐形地固定在耳朵上方的头发上，然后稍稍整理发丝，喷上定型啫喱即可完成发型。

Case 04

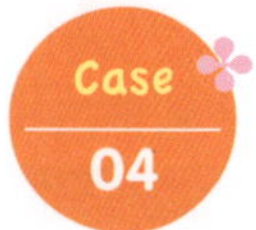

绑发造型 怀旧淑女风

必备工具

发卡、橡皮筋、定型啫喱。

扮靓秘笈

怀旧风格的绑发，总能让人眼前一亮，端庄、恬静的感觉让人心旷神怡！

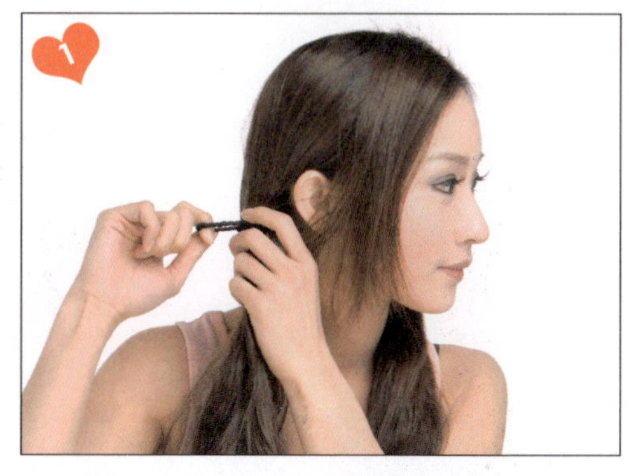

Step 1:

按一分为二的方式，将全部的头发平分成左右两部分，并分别用橡皮筋扎成马尾，耷拉在两耳垂下方。

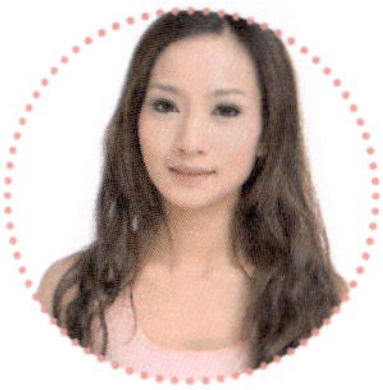

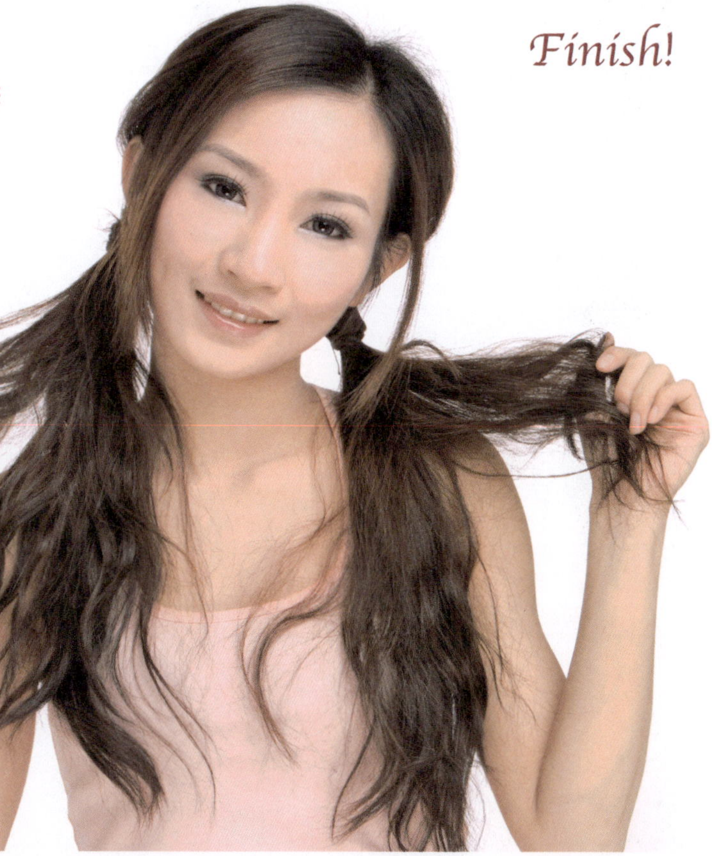

Finish!

Step2:

轻轻向下拉扯两马尾上的橡皮筋，让马尾稍显松垮，既可突出马尾的整洁，又可显现出马尾的慵懒性。

Step3:

在手上涂抹些许定型产品，并用手指伸进发丝林中抓抹发丝，这样发根会具有一定的韧性，从而向上托起发丝，起垫高发丝的作用。

Step4:

分出右边马尾中的一束发丝扭转，然后以橡皮筋为中心，围着橡皮筋绕圈，遮住外露的橡皮筋，发尾处用黑色小发卡固定。

Step5:

左边的发辫也同样处理。

Step6:

一手牵起马尾的末端，一手食指和拇指夹住发丝逆向梳理，用手指代替梳子倒刮发丝。这种方式刮出来的发丝，没有梳子刮出来的发丝蓬松，所以会更有自然的凌乱感。

Step7:

将两边的发丝都倒刮后，用定型啫喱喷洒发丝，这样，一款甜美中透着慵懒的小束发就搞定了。

马尾花配饰 OL半盘发

必备工具

马尾花、橡皮筋。

扮靓秘笈

风车状的冰蓝色发夹，像极了广阔海面上的孤岛，沉着、冷静；而经典的半盘发又能彰显职场新人的亲和力，两者搭配，是上班族扮靓的好选择。

Step1:
先用尖尾梳的齿梳将全部发丝梳到脑后，形成马尾状；然后用尖尾梳的尾端，在两耳后，分别挖出两片三角形发丝。

Step2:
除去耳后两缕发丝，其余发丝用橡皮筋扎起。皮筋绕至最后一圈时不将全部发尾拉出，做出让马尾的发梢卡在橡皮筋中的感觉，使马尾在脑后形成一个小小的发髻。

Step3:
整理后面的马尾，佩戴上闪闪发亮的马尾花配饰，并将耳后的两缕发丝移至前方，这款发型就搞定了。

马尾花配饰 悠闲淑女派

必备工具

橡皮筋、卷发棒、定型啫喱、马尾花。

扮靓秘笈

心形发夹总是给人温馨感，闪闪发亮，像在花丛中翩翩起舞的蝴蝶，用来修饰微卷的发丝，正好能体现居家时的随意。

Step1:

在发丝上涂抹一定量的定型啫喱，并且快速用梳子将发丝全部梳向脑后，使之形成高马尾，然后用橡皮筋固定。

Step2:

双手拇指和食指轻轻牵拉马尾上方的发丝，在头顶处整理出一波波的纹路，让马尾的前面稍显慵懒和无序。

Step3:

稍稍整理马尾，佩戴上简洁的马尾花，这款发型就搞定了。为了让发型更美丽，建议先用卷发棒夹卷头发，这样做出来的发型才不会像直发那样一丝不苟，而是悠闲的美。

树形夹配饰 温婉淑女上班型

必备工具

树形夹。

扮靓秘笈

这种树形夹形如柳月弯刀，亮如天上繁星，扮得整个人犹如从天而降的精灵，不沾一指纤尘。

Step1:
以两耳的上方为准，将头顶上层的发丝全部倒刮打毛。

Step2:
用手指蘸取适量发蜡，深入发丝林中滋润发根，垫高发丝。

Step3:
两手指自耳后勾起已经倒刮过的发丝，用尖尾梳将表层发丝梳理平整，使发顶蓬起，有被垫高的感觉。

Step4:
一手捏住被倒刮过发丝的集合处，轻轻扭转，之后用树形夹横向固定即可。

皇冠配饰 传统新娘发

必备工具

皇冠、橡皮筋、小发卡、卷发棒、卷发营养素。

扮靓秘笈

穿上白纱华服、戴上迷人头冠……这样的画面让无数女人魂牵梦绕。而山字形头冠有拉长脸形的效果，能更好地帮你实现华丽的公主梦。

Step1:
先给发丝涂上些许卷发营养素，然后以横向外翻卷的方式，将全部的发丝都夹卷。

Step2:
然后以两边眉峰为基准，取头顶上方等宽度的发丝倒刮打毛。

Step3:
梳理倒刮打毛发丝的表层，暂时用发卡固定在头顶。用手指抓起剩余的所有发丝，在脑后会合。

Step4:

拉扯出底端的几缕发丝，其余的发丝梳理整齐，全部用橡皮筋固定。

Step5:

放下头顶被打毛过的发丝，分成左右两边，分别从两个方向覆盖住橡皮筋，并用小发卡固定。注意覆盖橡皮筋的过程中，不可太用力，以免扯坏倒刮后的发丝。

Step6:

随意地牵起几缕发丝，向上扭转成碎花状。

Step7:

用尖尾梳将刘海全部梳向一边，接着用卷发棒向外翻转刘海。

Step8:

佩戴上如同公主般的皇冠，这款发型就可以完成了！

对夹配饰 动感自信小扭发

必备工具

对夹、橡皮筋、小发卡。

扮靓秘笈

个子娇小的对夹，点缀在漆黑发髻之中，酷似苍穹中的群星，频频闪着光、发着亮。而整款发型清爽至极，是外出郊游的好选择，想必能为你增加不少魅力分值！

Step1:
先扎一个马尾，喜欢高的可扎高一点，喜欢低的可扎低一点，马尾高低不限，各有各的风格。

Step2:
将扎好的马尾辫拧紧成一条直线，然后迅速扭转使之成为麻绳状。

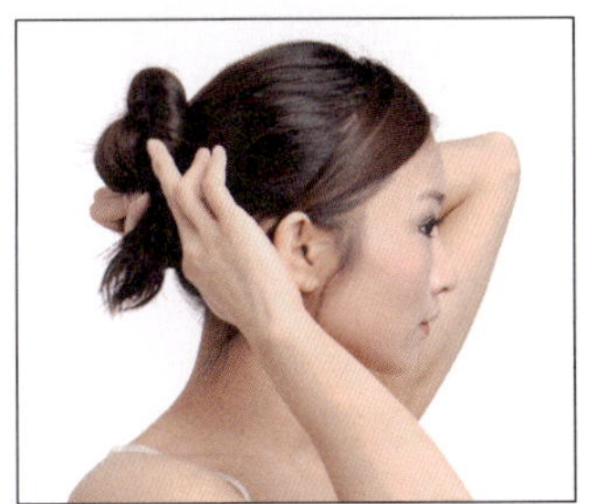

Step3:
以橡皮筋为中点，顺着扭马尾的力量，将马尾顺时针旋转成发髻。扭转缠绕过程中尽量将橡皮筋藏在头发里。

Step4:
将头发调整一下，然后用发卡将扭转好的发尾处卡紧，如果发丝太多，也可以采用黑色小橡皮筋将其固定。

Step5:
最后将心仪的小对夹横插在发髻中间，这个干净简单的扭发就完成啦！

爪夹配饰 韩派发

必备工具

爪夹、橡皮筋、小发卡、定型啫喱。

扮靓秘笈

斜挂在耳后的发髻用粉红色的花瓣状爪夹作配饰，仿佛出水芙蓉，娇羞、胆怯，却不失调皮、典雅，真是假日休闲、朋友聚会时的好选择。

Step1:
用尖尾梳沿着头颅中间画线，将满头的头发分成左右两个区，并将左边的一束头发先用橡皮筋或发卡固定。

Step2:
从右上方的刘海处，将发丝分成三股，开始编发。

Step3:
编发过程中，逐步交叉三股发束，采用外侧发束不停向内编、左右相互交错进行，让头顶的发丝全部进入编发的状态。不要太用力，保持辫子松垮有度的状态会更好看。

Step4:
一直将编发进行到头发的发尾末端，然后用黑色小橡皮筋将其固定住。

Step5:
同样方法，放开左侧的头发进行编发，最后同样用黑色小橡皮筋固定。

Step6:
将编好的两个发辫扯至左肩处，两手拉住发辫进行交叉扭转，让两根发辫成为一根麻秆。

Step7:
顺着扭转力度，将扭转好的辫子送到左耳后方，绾成花苞一样的发髻，用小发卡固定。注意不要将发尾处全部绾进去，可留适量发尾挑在发髻中间，增加自然感和亲和力。

Step8:
戴上一朵漂亮的小爪夹，然后稍稍整理发型，喷上定型啫喱，这款简单的编发就完成了。

头花配饰 浪漫田园风格

必备工具

头花、发卡、定型啫喱。

扮靓秘笈

淡雅的玫瑰花头饰，带给人一种春天原野般的感觉，举手投足都透着清新气息，将小女子的柔媚演绎得淋漓尽致。

Step1:

将所有的发丝三七分，取其中一边头顶处的发丝分成两束扭曲。

Step2:

随着扭曲的发辫越来越紧，可将发辫尽量向后拉，使之靠近后脑勺的中部，用发卡固定。

Step3:

将另一边发丝也同样处理，扭曲后的发丝在脑后会合，用发卡固定在一起，使之结合成倒立的新月形。

Step4:

给做好的新月形发型喷上定型啫喱。

Step5:

戴上花朵形的头花，就可完成这款发型了。

Case 12 U形夹配饰 神秘华丽发卷

必备工具

润发素、U形夹、卷发棒、橡皮筋。

扮靓秘笈

高高扎起的卷发，有着古希腊月亮女神般的神秘感，而金子般的蝴蝶U形发夹，让人感觉温暖。以这样发型出席各种聚会，定能让你登上主角宝座。

Step1:

先给发丝涂抹上润发素，然后用卷发棒将所有的头发夹卷。

Step2:
随意抓分头发，让所有头发上下两分，上面的部分用手理顺，用橡皮筋扎紧。注意切不可用梳子梳理上面的发丝，因为用手理出来的发型纹路会更清晰，发型会更具层次感。

Step3:
轻拉扯马尾，让马尾的橡皮筋更靠近头皮，发辫更紧致。然后用梳子倒刮马尾，使之呈现轻松、凌乱的蓬松感。

Step4:
最后给马尾配上一朵别致的蝴蝶结发饰，这款调皮中带着乖巧、叛逆中带着柔顺的发型就完成了。

一字夹配饰
甜美侧扎发

必备工具

一字夹、橡皮筋、小发卡、定型啫喱。

扮靓秘笈

垂直的发丝看似一本正经，但因有了一字夹的加入，变得甜美、调皮起来，上学、上班、逛街做此装扮都不错。

Step1:
右手大拇指自右耳上方开始向左边画直线，左手大拇指自前额正中开始画垂直线，两拇指在头顶正中会和，然后取右边头顶的发丝用小发卡固定。

Step2:
同理，分出左边头顶处的发丝，也用小发夹固定，两发辫位置等高。

Step3:
梳理剩下的发丝，全部抓到右耳下方，用橡皮筋将头发扎成马尾。

Step4:
给马尾发辫佩戴上心爱的一字夹，并喷上定型啫喱，这款发型就完成了。

Case 14 发带配饰 轻盈可爱造型

必备工具

发带、卷发棒、发蜡、润发素。

扮靓秘笈

随意制造的蓬松发丝，加上浅粉色发带，顿时能让人神采奕奕，可爱至极。

Step1:
给发丝涂抹上适量卷发润发素后，用卷发棒卷曲满头的发丝。

Step2:
一手摁住打毛过的蓬松发丝，一手持尖尾梳，用尖尾梳的尖端梳理凌乱的发丝，使发型呈现空气般饱满的轻盈感。

Step3:
拨开发丝，双手蘸取少量发蜡涂抹于发根，保持发型的高度。之后佩戴上粉色蝴蝶结发带，就可完成这款轻松随意的发型了。

Finish!

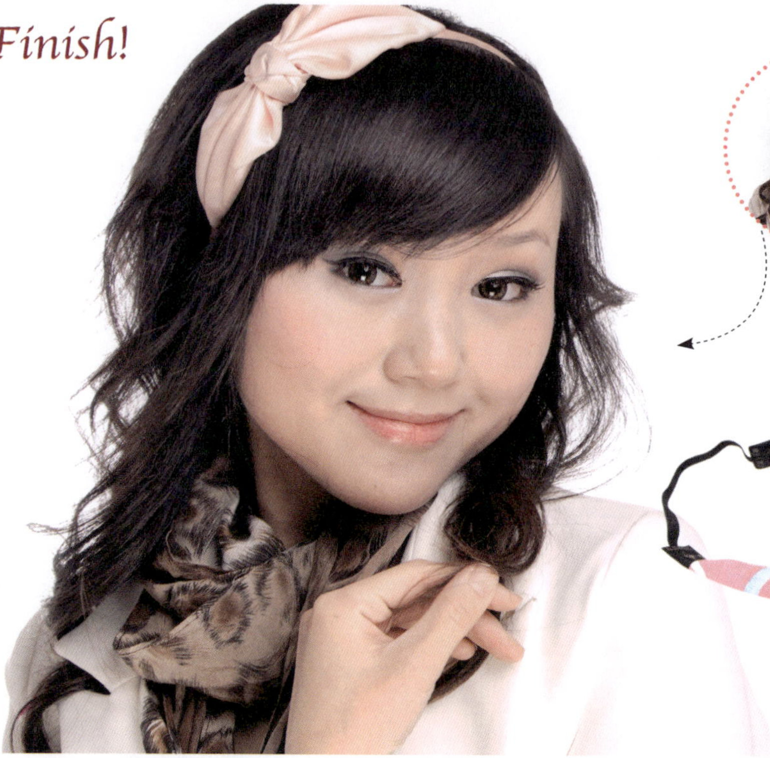

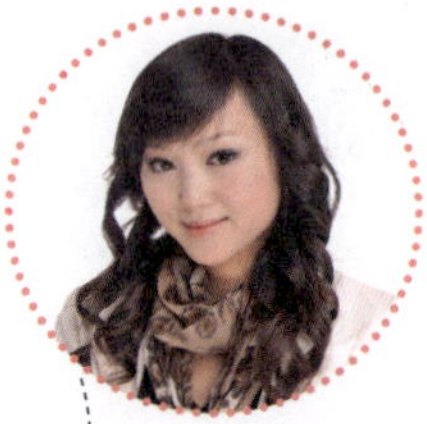

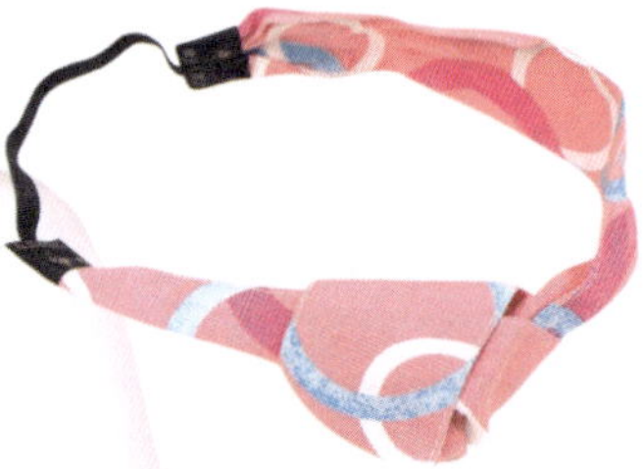

发带配饰
性感女人味

必备工具

发带、卷发棒、橡皮筋、发卡、定型啫喱、润发素。

扮靓秘笈

几乎没有层次的厚重卷发，突出了女性的含蓄美，彩虹般渐变的发带像银河般隔断了刘海和卷发，更显脸形立体感，不断提高女人的性感指数。

Finish!

Step1:
给发丝涂抹卷发润发素后，用卷发棒将所有的头发夹卷。

Step2:
在右耳根后面留取少量发丝，其余的头发全部用手抓到左耳根下方，再用橡皮筋将其扎紧。

Step3:
右边的发丝分成三股，开始编麻花辫。

Step4:
编好的麻花辫向左边马尾上的橡皮筋处靠近，可直接将其扎进橡皮筋里，也可用发卡将其固定。

Step5:
戴上准备好的宽发带，整理发带，让刘海和马尾露在发带的外面。

Step6:
轻轻牵起马尾上的发丝，用尖尾梳倒刮，使之呈现凌乱、蓬松的自然感觉。然后再喷上定型啫喱，这款发型就搞定了。

布夹配饰
恬静淑女

必备工具

橡皮筋、小发卡、布夹。

扮靓秘笈

金黄色的发夹稳稳当当地立在发髻上，立刻让发型幻化出一段浪漫又甜蜜的童话，荧光彩钻点缀其中，不禁让人联想到深海中的美人鱼，恬静且美丽。

Finish!

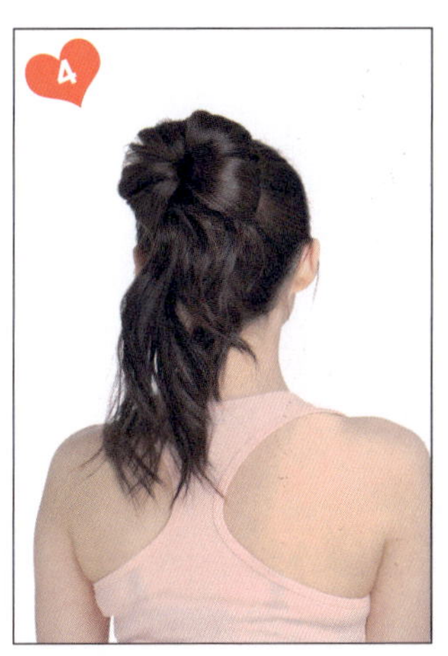

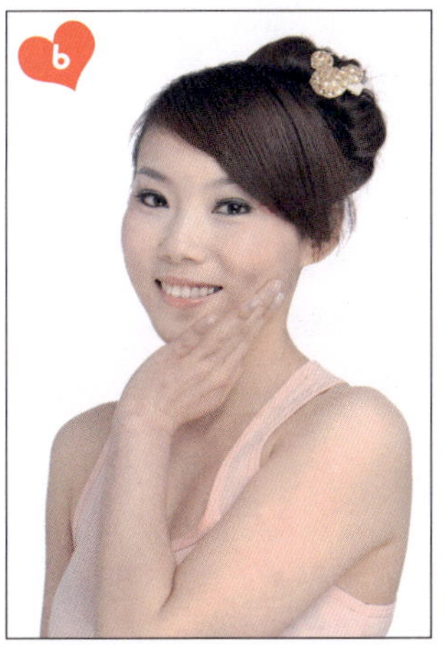

Step1:

整理所有的发丝，用稍微粗壮的橡皮筋，将其扎成一个高高的马尾。

Step2:

从马尾辫中取出一束发丝，在橡皮筋的上方折叠，发梢部分靠近头皮，使之形成一个有弧度的空心圆，然后用发卡将其固定在橡皮筋的正上方。

Step3:

再分出马尾中的一束发丝，在橡皮筋的左方弯曲，同样发梢贴近头皮，形成的空心圆和上面的空心圆相连接，也用小发卡固定。

Step4:

按照上面、左边空心圆同样的处理方法，将剩下的发丝全部用来打造右边的空心圆，使之和前面的发型构成一个3/4部分的圆形花苞。

Step5:

如果你头发很长，做好空心圆后还有长长的马尾掉在外面，不用担心，将其塞到空心圆中就可以了，这样那个有点残缺的圆形花苞，就终于完整了。

Step6:

在花苞边上，别上一种干净、素雅的小布夹，和这款发型相得益彰，看看，是不是特别有朝气呢！

Finish!

Case 17

中长披肩发
精致短束发

必备工具

发蜡、发卡、橡皮筋、卷发棒、定型产品。

扮靓秘笈

职场辛苦奔波容易损乱发型，虽然更平易近人，但缺成熟感。那么收起披肩长发，配上深蓝色发梳，表现沉稳与时尚，瞬间变身职场雅致女。

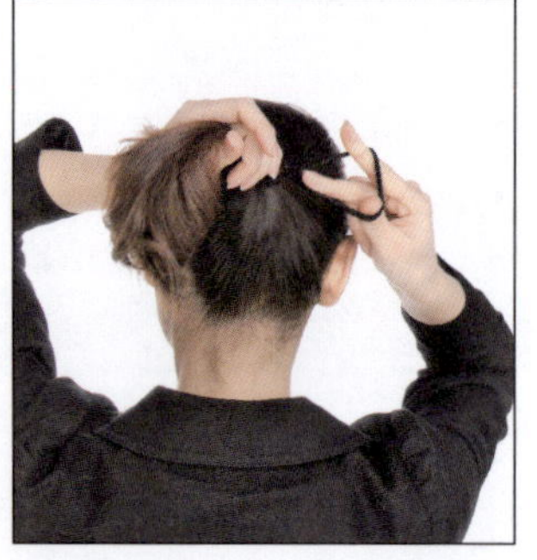

Step1:
给发丝涂抹一定量的发蜡，并将全部发丝都扎成高马尾。

Step2:
分出马尾辫上的1/3发丝，用准备好的橡皮筋扎住发梢，形成新马尾。

Step3:
用尖尾梳尾端抵住新马尾的中段，弯曲折叠新马尾，使之形成圆筒状。

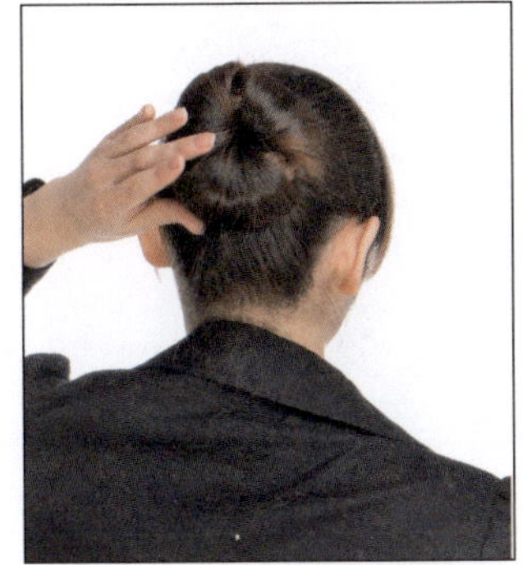

Step4:

用小发夹固定住发梢，之后再取出旧马尾上1/3的发丝，以相同的方式折叠成筒状。

Step5:

旧马尾上最后剩下的1/3发丝，同样向上翻转折叠，稍稍整理发丝，使之与上面发丝形成一个圆圈。

Step6:

在圆圈的一边，佩戴上颜色鲜艳的蓝色蝴蝶结发梳，这款发型就完成了。

中长发 时尚BOBO头

Finish!

必备工具

发卡、线夹、橡皮筋、直板夹、定型啫喱。

扮靓秘笈

不用剪断心爱秀发，只用动动手指就能让长发变为时尚短发，真是不可思议。后面的麻花辫恰到好处地垫高了发丝层，更能衬托BOBO头的可爱。想尝试短发又不想剪发的MM不妨一试。

Step1:
用直板夹拉直全部的发丝后，取尖尾梳将发丝上下分区，上区的发丝暂时用线夹固定。

Step2:
梳清理顺下区的发丝，之后用橡皮筋在后脑勺正中扎成低马尾。

Step3:
用常规三股辫编法给下区的马尾辫编发，发尾用隐形小橡皮筋固定住。

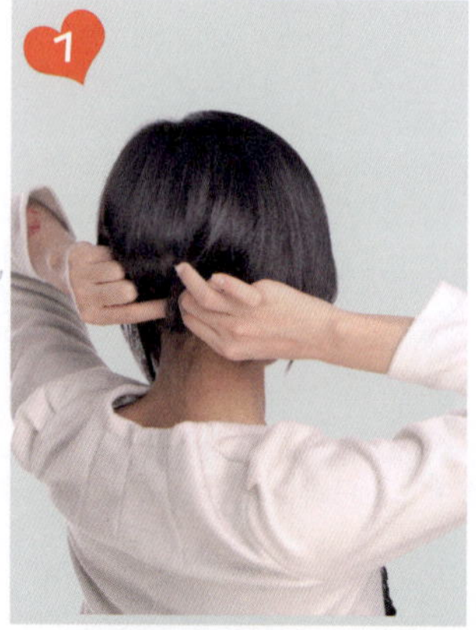

Step4:
以原来马尾上的橡皮筋为中点，让麻花辫围绕橡皮筋绕圈，形成紧凑、有序的小发髻，并用黑色小发卡固定。

Step5:
放下上区的发丝，自然地披露在下区发髻外面，以遮住里面的发辫。之后向内翻转折叠表层发丝，计算好自己最喜欢的短发长度。

Step6:
一边翻转，一边沿路下发卡，需要提醒的是，为了让发型更逼真，下发卡时最好从耳后内部的发丝开始，发丝不易散落且会更干净。

Step7:
后面的发丝也同样处理，向内翻转折叠，用发卡固定在麻花辫的下方。然后喷上定型啫喱，长发就顺利地变成短发了。

蓬松乱发 直刘海飘逸发

Finish!

必备工具

直板夹、发夹、定型啫喱、润发剂。

扮靓秘笈

倾斜的直刘海具有强调双眼更加炯炯有神的作用；而稍稍内勾的直发发梢，又能突出五官立体感，更显女性优雅气质。

Step1:
给发丝涂抹上润发剂后，用尖尾梳将头发分成上下两个区，上面的发丝用发夹暂时固定。

Step2:
开始用直板夹拉直发丝。后面不好处理的发丝可扯至两耳边，方便操作。

Step3:
当直发夹拉直发梢时，可将手腕轻轻内扣，可夹出含蓄的内卷，形成张弛有度、平衡自然的直发。

Step4:
整理发型的纹路，梳理刘海呈倾斜状，给发丝喷上定型啫喱，或抹上定型发蜡，这款卷曲有致的直发就完成了。

平直碎发 高品位酷感卷发

Finish!

必备工具

润发剂、卷发棒、发蜡、帽子、定型啫喱。

扮靓秘笈

这款披肩长卷发，立体感强，发卷张弛有度，女人味十足，搭配超酷的帽子，则完美展现了女人的柔美和酷感，提升了品味。

Step1:

给发丝涂抹上润发剂后，用卷发棒从中间滚动卷曲至发梢，做出混合卷。

Step2:

用尖尾梳分出“Z”字形刘海，同样用卷发棒卷曲发梢，打造立体感刘海。

Step3:

双手蘸取适量发蜡，提起头顶发丝揉搓，保持头顶头发的蓬松感。

Step4:

给发卷的外层喷上定型啫喱，拉扯发卷呈现流畅的动感，戴上豹纹帽，就搞定了。

简单直发 动感卷发

必备工具

卷发棒、吹风机、发蜡。

扮靓秘笈

多层细卷发重叠，让发丝犹如空气般轻盈、蓬松，展现魅力的同时更增加了樱桃小丸子般的可爱感觉，很是让人心动。

Step1:
将所有的发丝分成上下两区，上区用发夹固定，分别用卷发棒卷曲所有的发丝。

Step2:
将吹风机开到最弱风档，一手持吹风机吹头发，一手轻轻抖动卷好的发丝至蓬松状态，增加发丝厚重感。

Step3:
选择稍软一点的发蜡，放在手心涂抹至均匀后，伸入发丝丛中，从下而上推动发丝揉搓，使发丝充分吸收发蜡定型，保持发丝的厚重感，完成发型。

Finish!

主题美甲Nail

不同场合拥有不同美甲艺术

可爱恋人

淡淡的粉色打底，加上闪粉泛出的炫亮光泽和镶嵌在指甲根部素雅的珍珠，使整体造型简洁别致，尤其适合可爱MM约会时使用。

实用美甲工具

粉色甲油、闪粉、亮油、指甲专用胶水、小镊子、棉签、大小珍珠。

Step1:
在甲面上均匀涂抹上两层粉色甲油。

Step2:
趁甲油还未完全晾干的时候，用棉签蘸取适量闪粉，点撒在甲面上。

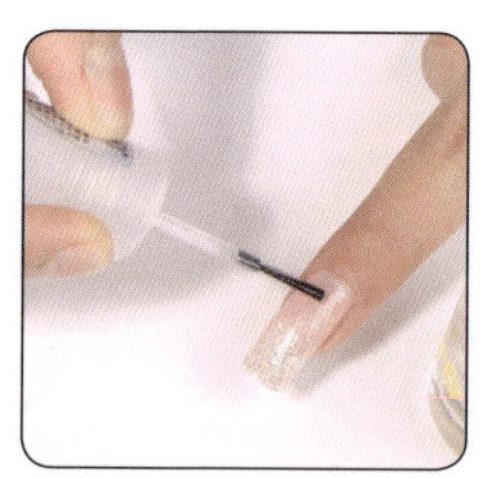

Step3:
在甲面上刷涂上两层亮油。

Step4:
等亮油晾干后，在指甲根部点涂胶水。

Step5:
在指甲根部中心处黏上中号珍珠，两边黏上小号珍珠，即完成此美甲造型。

甜蜜滋味

此造型选用粉色作为主色调，前端的粉色法式微笑弧度和后面粉色四瓣花前后呼应，中间间隔的地方点缀一排弧形小珍珠，瞬间使整体营造出一种甜蜜的约会滋味，让旁人都忍不住羡慕起来。

实用美甲工具

粉色甲油、亮油、指甲专用胶水、小镊子、牙签、粉色的四瓣花、小珍珠、小水钻。

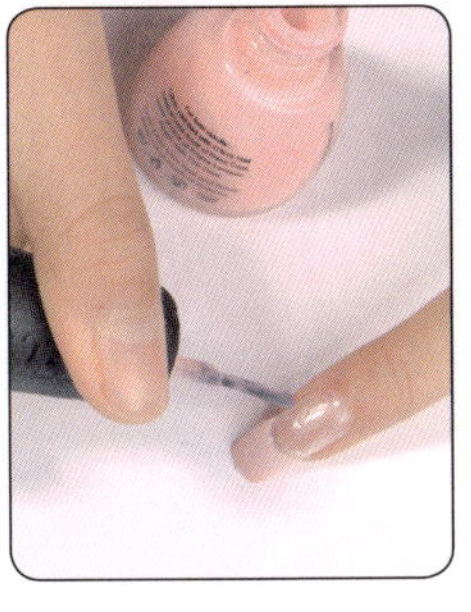

Step1:
在指甲前端1/3处涂上两层粉色甲油。

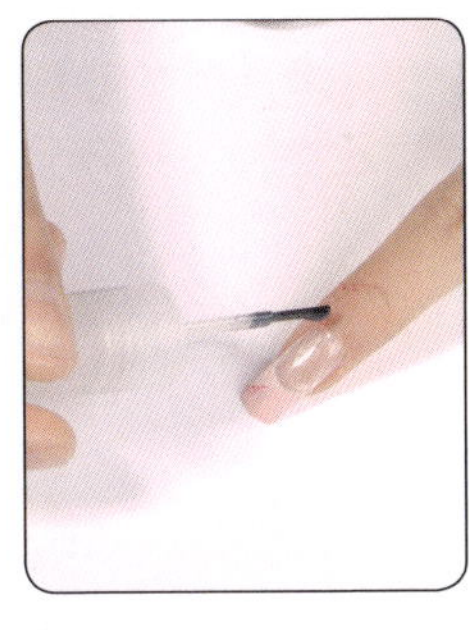

Step2:
待甲油全干后，再涂上两层亮油。

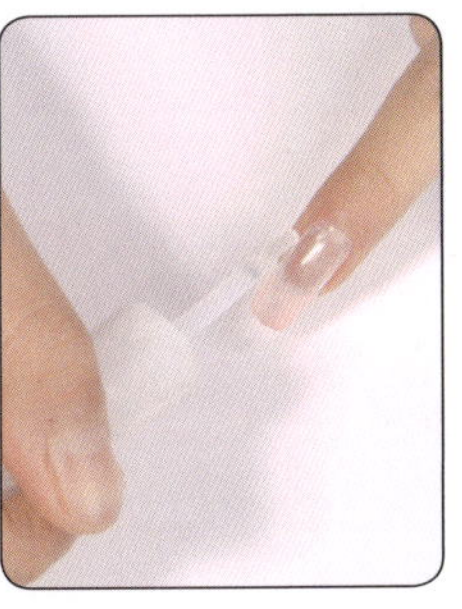

Step3:
在指甲前端1/3处再涂上一层粉色甲油，增加颜色的层次感。

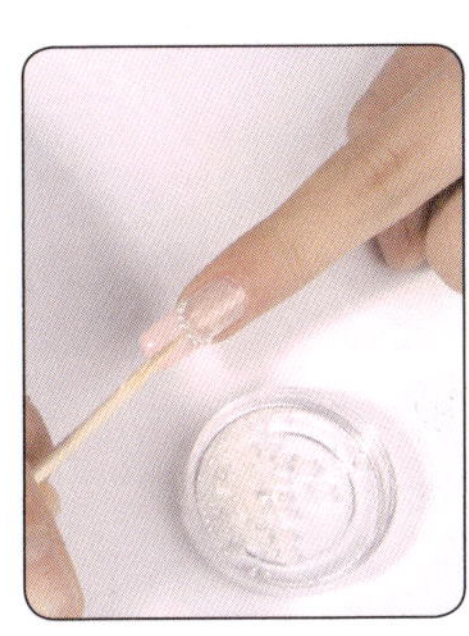

Step4:
在指甲和粉色甲油衔接处，点涂胶水，然后黏上小珍珠。

Step5:
在珍珠斜后方点涂胶水，然后黏上粉色四瓣花。

Step6:
在粉色四瓣花中心处点涂胶水，黏上准备好的小水钻，即完成此美甲造型。

华贵佳人

本造型以肤色甲油打底，透明闪粉甲油覆盖，用色彩闪亮夺目的彩钻拼贴，使整体造型看起来闪亮惹人爱。

实用美甲工具

肤色甲油、透明闪粉甲油、亮油、指甲专用胶水、小镊子、五彩钻、红色水钻、橙色水钻、透明水钻。

奇妙制作过程

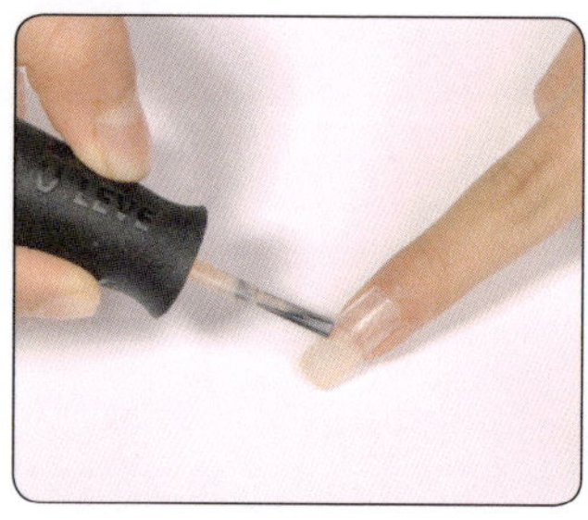

Step1:

在指尖约1/2处涂抹两层肤色甲油。

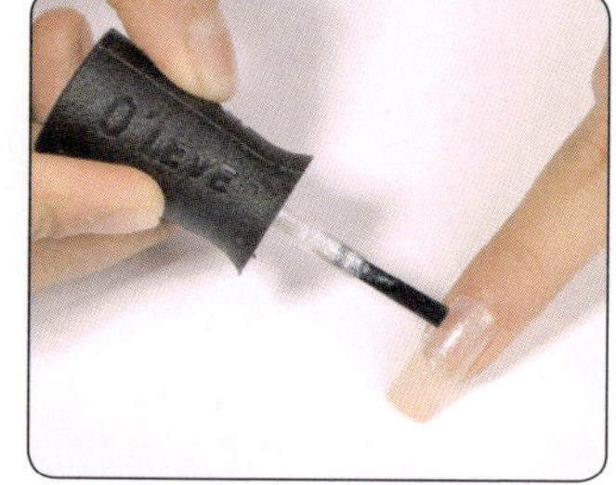

Step2:

待甲油全干后，涂两层亮油，增加光泽度。

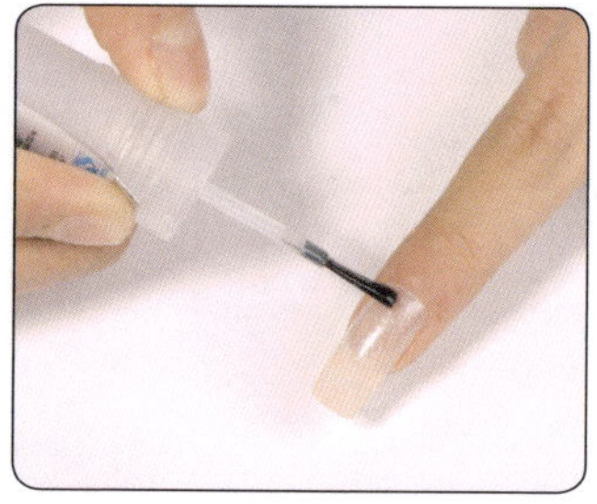

Step3:

用透明闪粉的甲油晕开肤色甲油与指甲的衔接处，使颜色过渡自然。

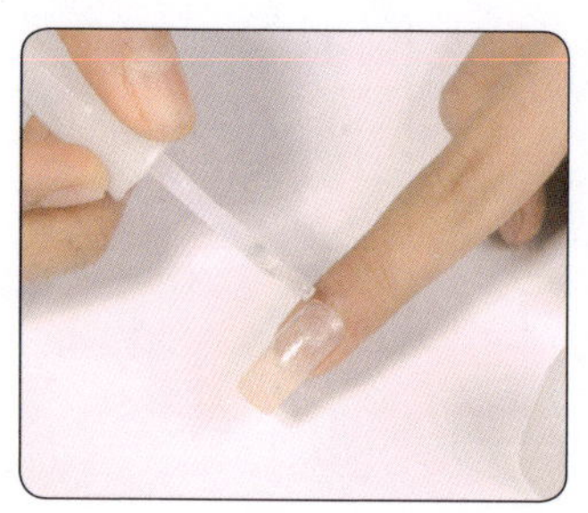

Step4:

等亮油晾干后，在指甲根部点涂胶水。

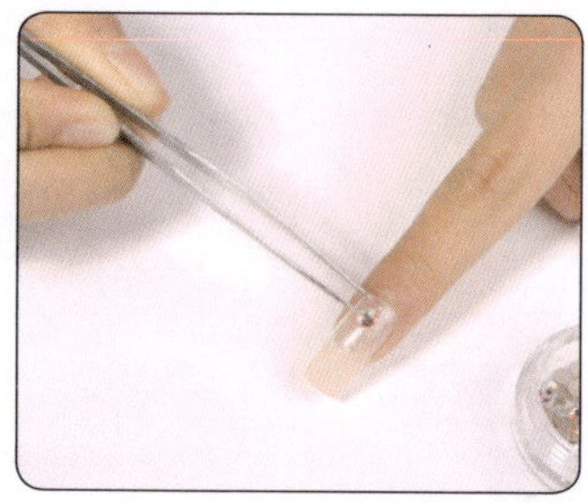

Step5:

在指甲根部中心处黏上准备好的五彩钻。

Step6:

在五彩钻周围黏上红色水钻、橙色水钻、透明水钻后，即完成此美甲造型。

深紫魅力

紫红色的甲油给人带来成熟美感，加上点缀不规则呈流线形的五彩水钻，在成熟中又平添一份闪耀的魅力，使整体造型显现出高贵、典雅的诱惑之美。

实用美甲工具

紫红色甲油、亮油、闪粉、闪片、指甲专用胶水、棉签、小镊子、五彩钻、大小水钻。

奇妙制作过程

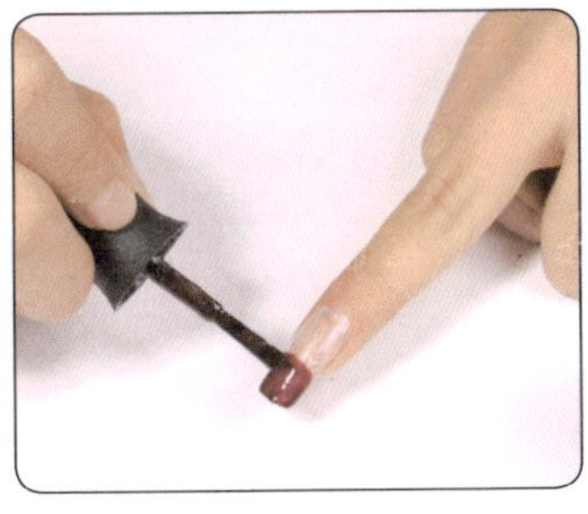

Step1:
在指尖1/2处涂抹两层紫红色甲油。

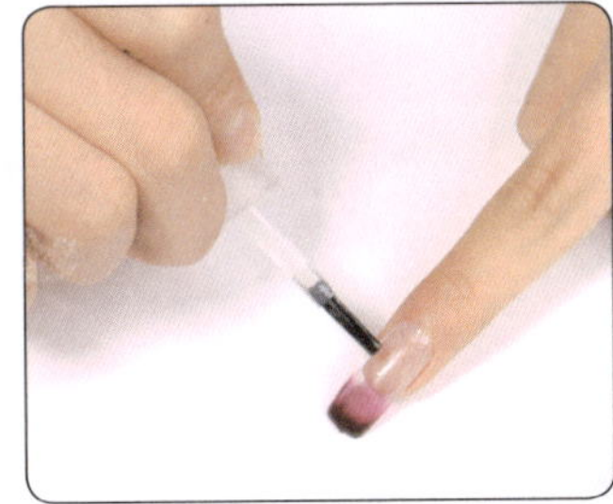

Step2:
用亮油晕开紫红色甲油与指甲衔接处，然后在指尖加涂一层紫红色甲油，加深颜色层次。

Step3:
用棉签蘸取闪粉和亮片，点撒在指甲渐变处。

Step4:
撒完闪粉和亮片后，在甲面上涂抹两层亮油。

Step5:
在指甲中间点涂一道流线形的胶水。

Step6:
在胶水中心处黏上五彩钻，旁边黏上大小水钻，即完成此美甲造型。

去度假吧

本造型全部选取了鲜艳、靓丽的色彩，在甲面上用闪亮的水钻摆放各种蝴蝶结的形状，营造出假日情怀，显现出女主角享受阳光沐浴的美妙心情，烘托出一种轻松的氛围，使身边的每个人都感到无比开心。

实用美甲工具

玫红色甲油、亮油、五彩闪粉、棉签、小镊子、指甲专用胶水、小水钻。

奇妙制作过程

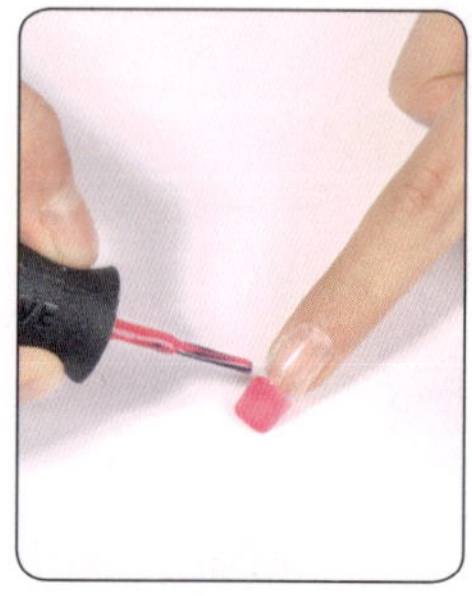

Step1:
在指甲前端1/3处涂抹两层玫红色甲油。

Step2:
用亮油晕开玫红色甲油与指甲的衔接处，制造渐变之感。

Step3:
用棉签蘸取适量的五彩闪粉，点撒在指甲的甲面上。

Step4:
在甲面上刷涂上两层亮油。

Step5:
在指甲中间部位点涂上胶水，并且黏上小水钻。

Step6:
以小水钻为中心，在两边分别用小水钻黏出三角形，小蝴蝶结的形状就出来了。

桃心派

本造型以漆白色打底，用黑色桃心、黄色笑脸、红色草莓卡通图案装点。

实用美甲工具

漆白色甲油、亮油、指甲专用胶水、小镊子、小水钻、卡通桃心图案。

奇妙制作过程

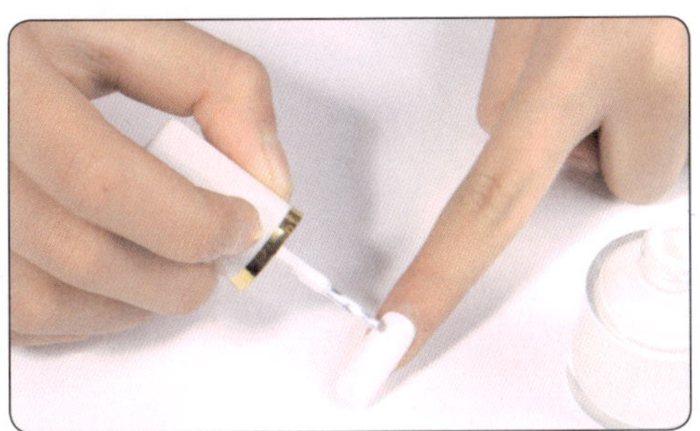

Step1:

在甲面上涂抹两层漆白色甲油，一定要等第一层晾干后，才可以涂抹第二层。

Step2:

待指甲油全干后，涂抹两层亮油。

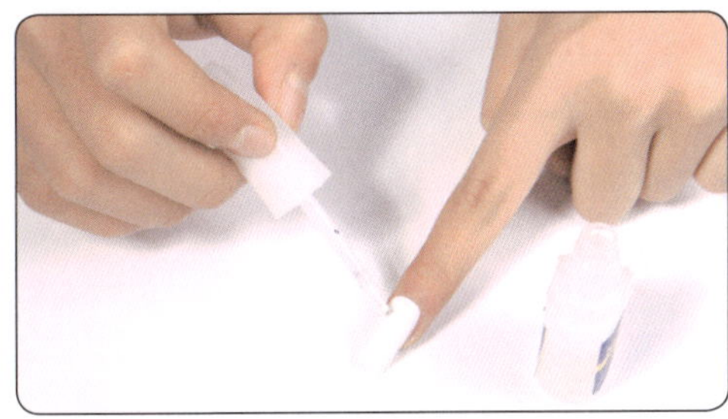

Step3:

在甲面上随意点涂胶水。

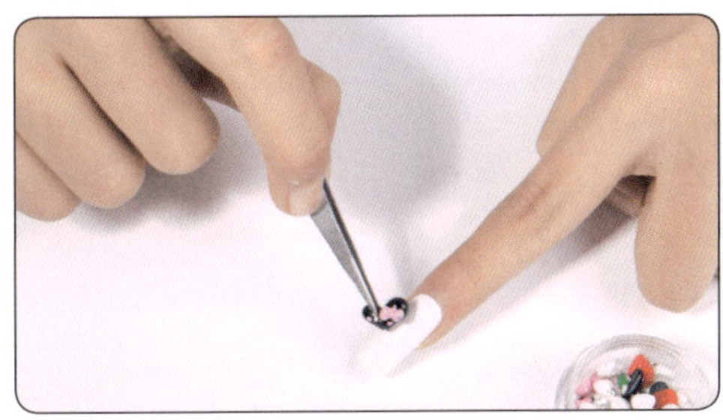

Step4:

在指甲中心处黏上黑色桃心。

Step5:

在黑色桃心周围黏上草莓图案、笑脸图案、小水钻，即完成此美甲造型。

畅销升级版

图说生活

文图统筹

她品文化

创意作者

尹　黎

图片提供

北京全景视觉网络科技有限公司

达志影像

华盖创意图像技术有限公司